U0052383

手作人的
輕鬆自在小包包

短暫外出時，

帶上自製小背包應該很不錯吧？

若只想簡潔裝入錢包、手機和手帕等物品，

可靈活行動的側背小包包最方便了！

當空不出雙手或行李很多時，

作為旅行的隨身包也相當實用。

由於尺寸不大，能輕鬆完成也是魅力之一。

請務必以喜愛的布料製作，

讓它活躍於日常生活中的各種場合。

CONTENTS

2 扁平包

3 袋口反摺包

4 附口袋扁平包

6 托特包

8 橢圓底束口包

10 雞眼釦極簡包

12 祖母包

13 水桶包

14 掀蓋休閒包

15 半圓型波士頓包

16 束口袋

17 環保袋風2way包

18 牛角型斜背包

20 小方包

21 橢圓型隨身包

24 箱型小肩包

25 側身口袋2way包

26 圓柱波士頓包

28 蓬蓬褶襉包

29 中央褶襉包

30 口金包

31 鋁管口金包

34 包中包

35 長夾斜背包

36 開始製作之前

1

扁平包

簡單易作的扁平小背包。
表布以素色布料簡單呈現，內裡則是繽紛多彩的印花布。
依喜好加上布標等配件，享受變化小細節的樂趣吧！

設計‧製作／豬俣友紀（neige＋）

作法　P.38

裝入短夾、手機和化妝品等外出物品，
尺寸剛剛好。

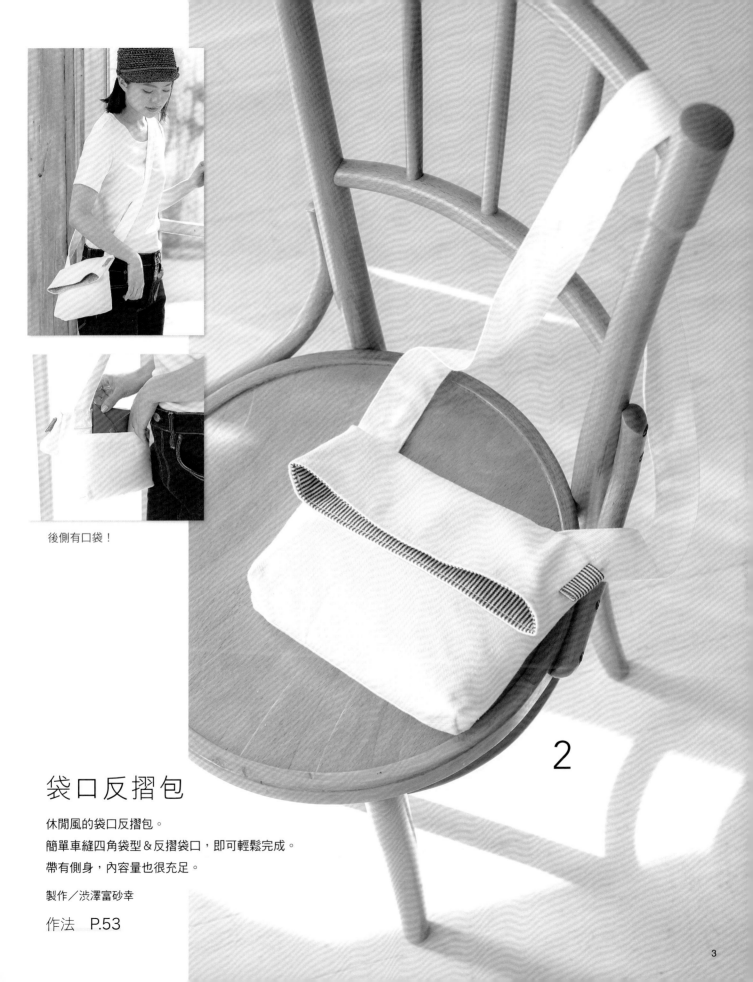

後側有口袋！

袋口反摺包

休閒風的袋口反摺包。
簡單車縫四角袋型＆反摺袋口，即可輕鬆完成。
帶有側身，內容量也很充足。

製作／澀澤富砂幸

作法　P.53

2

附口袋扁平包

簡便攜帶，附口袋的直式小包。
外口袋使用繡球花印花布，作為重點裝飾

設計・製作／樋口美根子（higmin）

作法　P.5

3

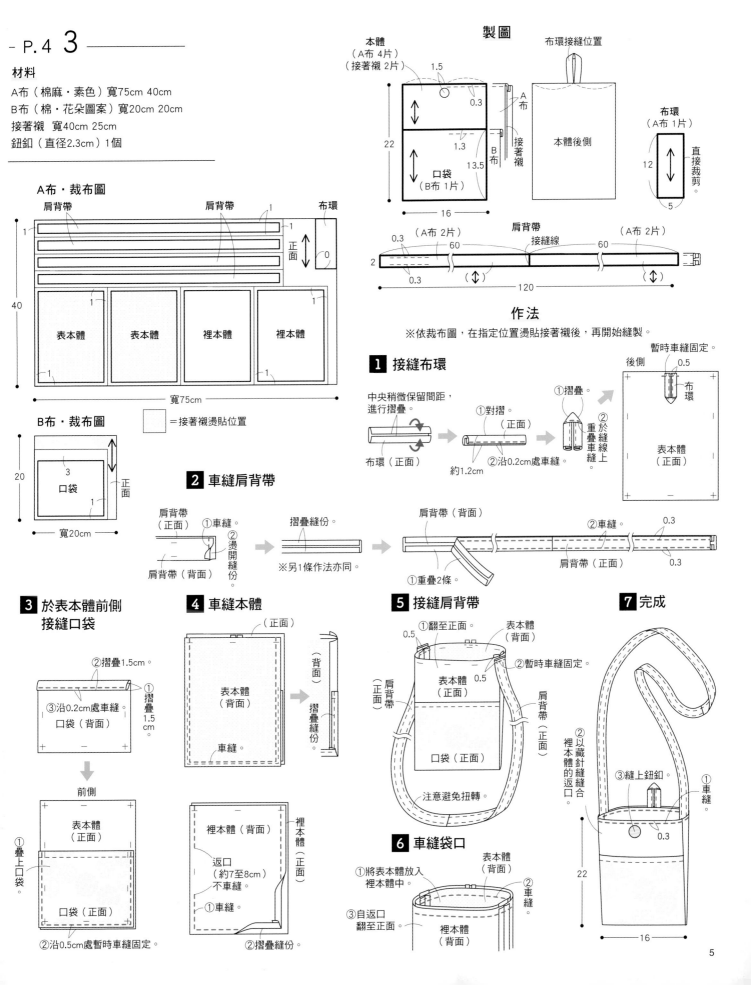

材料

A布（棉麻・素色）寬75cm 40cm
B布（棉・花朵圖案）寬20cm 20cm
接著襯　寬40cm 25cm
鈕釦（直徑2.3cm）1個

A布・裁布圖

肩背帶　肩背帶　布環

正面

表本體　表本體　裡本體　裡本體

40

寬75cm

□=接著襯燙貼位置

B布・裁布圖

3
口袋
1

正面

20

寬20cm

製圖

本體
（A布 4片）
（接著襯 2片）

1.5
0.3
1.3

22

13.5

A布
接著襯
B布

口袋
（B布 1片）

16

布環接縫位置

本體後側

布環
（A布 1片）

直接裁剪

12

5

肩背帶　（A布 2片）　接縫線　（A布 2片）

0.3　60　60

2

0.3

120

作法

※依裁布圖，在指定位置燙貼接著襯後，再開始縫製。

1 接縫布環

中央稍微保留間距，進行摺疊。

布環（正面）

①對摺。
（正面）
②沿0.2cm處車縫。
約1.2cm

①摺疊。
②重疊車縫。

後側
暫時車縫固定。
0.5
布環
表本體
（正面）

2 車縫肩背帶

肩背帶（正面）
①車縫
②燙開縫份。
肩背帶（背面）

摺疊縫份。
※另1條作法亦同。

肩背帶（背面）
①重疊2條。
②車縫　0.3
肩背帶（正面）　0.3

3 於表本體前側接縫口袋

②摺疊1.5cm。
③沿0.2cm處車縫
口袋（背面）
①摺疊1.5cm。

前側
①疊上口袋
表本體（正面）
口袋（正面）
②沿0.5cm處暫時車縫固定。

4 車縫本體

（正面）
表本體（背面）
車縫
（背面）
摺疊縫份。

裡本體（背面）
裡本體（正面）
返口（約7至8cm）不車縫。
①車縫
②摺疊縫份。

5 接縫肩背帶

①翻至正面。
0.5
②暫時車縫固定。
表本體（背面）
0.5
表本體（正面）
肩背帶（正面）
肩背帶（正面）
口袋（正面）
注意避免扭轉。

6 車縫袋口

①將表本體放入裡本體中。
②車縫。
表本體（背面）
③自返口翻至正面。
裡本體（背面）

7 完成

②以藏針縫縫合裡本體的返口。
③縫上鈕釦。
①車縫
0.3
22
16

托特包

將廣受喜愛的托特包,大膽縫上大圖案布的口袋作為裝飾。
很適合攜帶至喜愛的咖啡店喔!
可依使用情況自由拆裝肩背帶,也很讓人開心。

設計・製作/樋口美根子(higmin)
肩背帶 提供/INAZUMA

作法　P.40

4

5

2WAY

拆下肩背帶,
可當成迷你托特包使用,
相當方便!

內側也有口袋。

6

6

7

2WAY

橢圓底束口包

在野餐等戶外活動的日子，能空出雙手的小背包特別方便。
內容物不會掉出的束口設計，令人放心；
圓潤形狀的橢圓底，則保障了充裕的容量空間。

設計・製作／樋口美根子（higmin）
肩背帶 提供／ INAZUMA

作法　P.42

拆下肩背帶，
手提ok！

雞眼釦極簡包

俏麗鮮亮的紅色背包,小巧又可愛。
是只需車縫成袋狀,裝上雞眼釦再穿入圓繩的簡單設計。
藉由不同的穿繩方式,隨意變換兩種造型吧!

製作/渋澤富砂幸

作法　P.11

8

內裡以印花布妝點可愛感。

2WAY

穿出兩側繩圈,
就能改變小背包的形狀&
縮短肩背帶長度。
可依使用場合&衣著裝扮
自由搭配。

材料

表布（棉・素色）寬30cm 45cm
裡布（棉・花朵圖案）寬30cm 45cm
接著襯（中厚）寬30cm 45cm
圓繩（粗4mm）150cm
雞眼釦（內徑8mm）4組
布釦（直徑13mm）1個

製圖

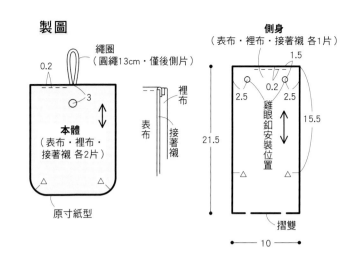

繩圈
（圓繩13cm・僅後側片）

0.2
3
本體
（表布・裡布・
接著襯 各2片）
原寸紙型

裡布
表布
接著襯

側身
（表布・裡布・接著襯 各1片）

1.5
2.5　0.2　2.5
雞眼釦安裝位置
21.5　15.5
摺雙
10

表布＆裡布・裁布圖

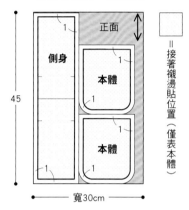

正面
側身
本體
本體
45
寬30cm

□ ＝接著襯燙貼位置（僅表本體）

本體原寸紙型

繩圈接縫位置
（僅後側片）

作法　※依裁布圖，在指定位置燙貼接著襯後，再開始縫製。

1 接縫繩圈

後側片
暫時車縫固定。
0.5
表本體（正面）
繩圈（圓繩・13cm）

2 縫合表本體＆表側身

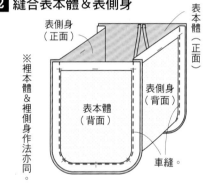

表側身（正面）
表本體（正面）
※裡本體＆裡側身作法亦同。
表本體（背面）
表側身（背面）
車縫。

3 車縫袋口

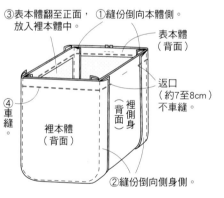

③表本體翻至正面，放入裡本體中。
①縫份倒向本體側。
表本體（背面）
④車縫。
裡本體（背面）
裡側身（背面）
返口（約7至8cm）不車縫。
②縫份倒向側身側。

4 裝上雞眼釦＆縫上布釦

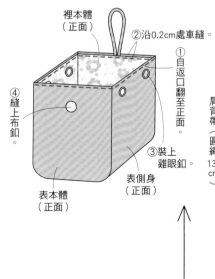

裡本體（正面）
②沿0.2cm處車縫。
④縫上布釦。
①自返口翻至正面。
③裝上雞眼釦。
表側身（正面）
表本體（正面）

5 穿入肩背帶（圓繩）

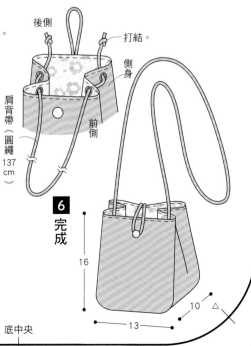

後側
打結。
側身
肩背帶（圓繩）137cm
前側

6 完成

16
13　10

縮短肩背帶時

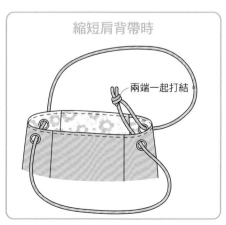

兩端一起打結

底中央

9

2WAY

祖母包

袋型圓潤可愛的祖母包。
除了可以當成小背包使用，作為手提包時更顯可愛。
以花朵圖案布為主布，表現出柔和的氛圍。

設計・製作／伊藤まゆ子（かばん屋もねちゃん）
肩背帶 提供／ INAZUMA

作法 P.44

想要騰出雙手時，
斜背OK！

可放入長夾的
方便尺寸。

水桶包

圓底水桶型小背包，以花卉圖案呈現出成熟風可愛感。
於肩上打蝴蝶結的設計，時尚有型。
搭配簡單風格的服飾，氣質自然清新。

設計・製作／主婦のミシン

作法　P.46

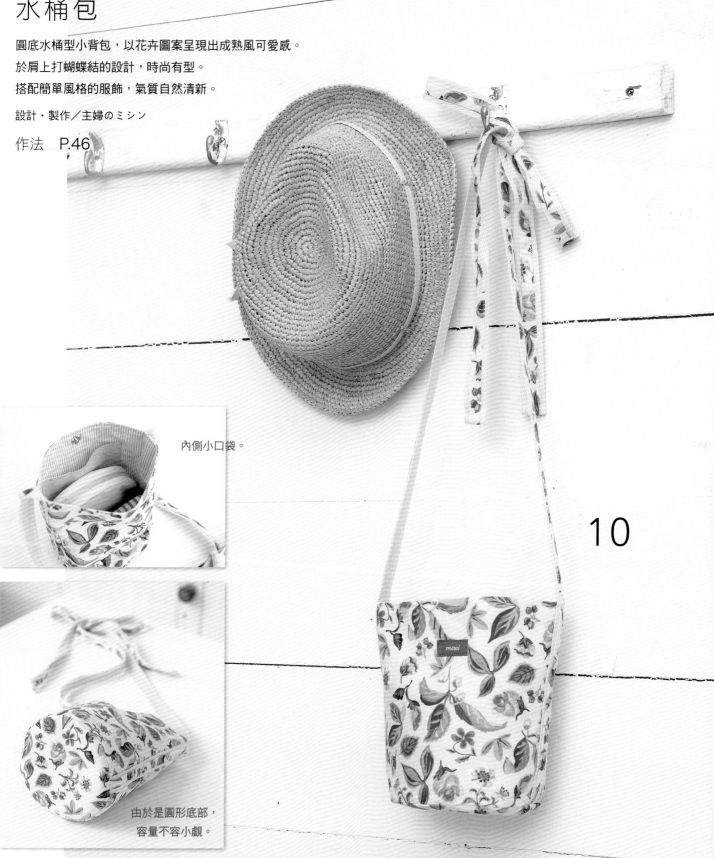

內側小口袋。

由於是圓形底部，
容量不容小覷。

10

掀蓋休閒包

帶孩子外出遊玩也很合適的休閒包。
條紋壓克力織帶作為肩背帶，增添了亮點。
方便使用的掀蓋，更是實用的設計。

設計・製作／豬俣友紀（neige＋）

作法　P.48

內裡使用明亮的黃色布料。
附有可收納物品的內口袋。

11

12

13

半圓型波士頓包

挑選令人印象深刻的圖案布製作外口袋，表現充滿玩心的設計。
是放入長夾也綽綽有餘的適中尺寸。

設計・製作／冨山朋子（popo）
肩背帶　提供／ INAZUMA

作法　P.50

2WAY

當成手提波士頓包使用
也OK。
內側也有口袋。

外口袋可放入需要迅速取出的物品。

搭配藍色裡布，
點亮整體色彩。

束口袋

拉緊袋口＆打結就很可愛的小背包。
黃色北歐圖案×藍色布料的組合相當時尚。
以喜愛的布料製作，
日常購物＆散步似乎都會變得加倍愉快！

設計・製作／豬俣友紀（neige＋）

作法　P.54

14

15

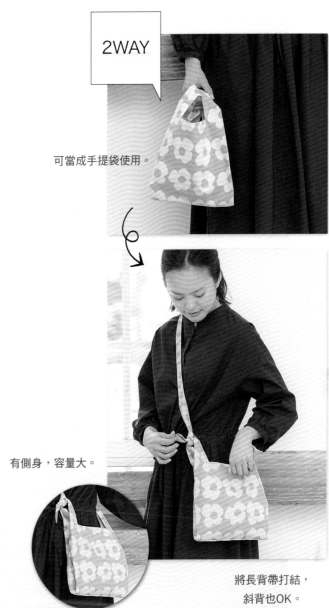

可當成手提袋使用。

有側身，容量大。

將長背帶打結，
斜背也OK。

環保袋風2way包

方便摺疊攜帶，
需要時可立即使用的環保袋型小包包。
不但可作為手提袋，
就算想騰出雙手大採購時，
也可以迅速打結變身成斜背包。

製作／渋澤富砂幸
花朵圖案布料 提供／decollections

作法　P.56

17

推薦給
因看地圖或各種因素，
而時常雙手忙亂的旅人們！

16

牛角型斜背包

以優雅大人風的花朵亞麻布製作而成。
垂墜感的袋型，可舒適地貼合身體。
只需簡單直裁的作法，也是一大魅力。

設計・製作／豬俣友紀（neige＋）

作法　P.19

材料

A布（麻·花朵圖案）寬50cm 70cm
B布（麻·素色）寬55cm 100cm
人造麂皮 寬5cm×3cm
蠟繩（粗2mm）25cm
鈕釦（直徑2cm）1個

製圖

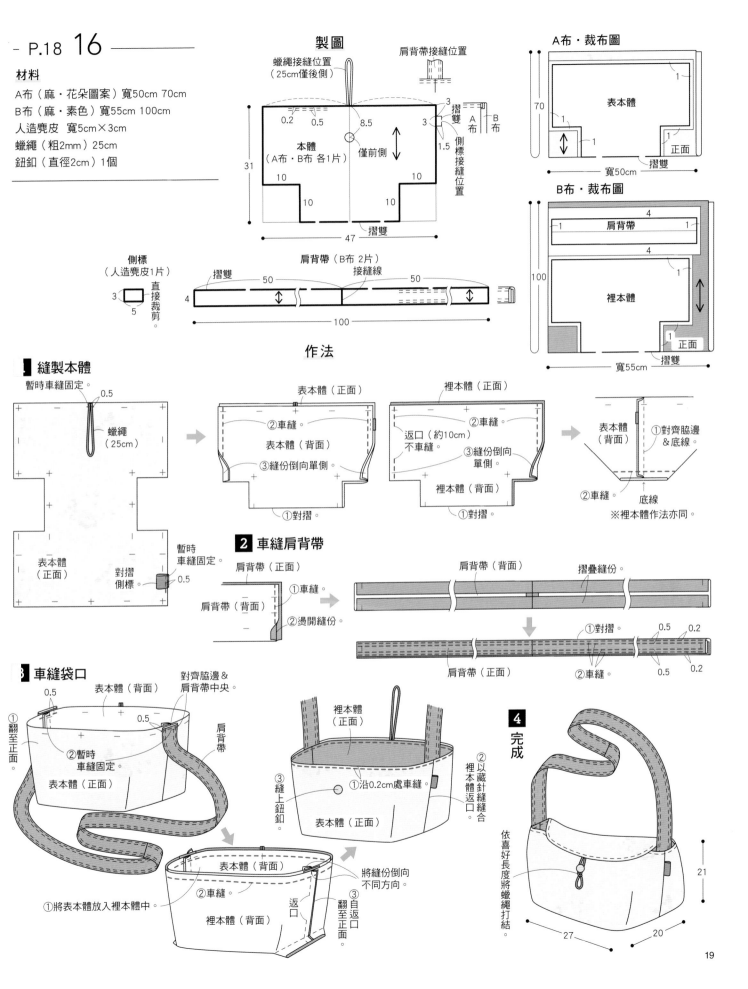

蠟繩接縫位置
（25cm僅後側）

肩背帶接縫位置

本體
（A布·B布 各1片）

僅前側

側標接縫位置

摺雙

側標
（人造麂皮1片）
直接裁剪。

肩背帶（B布 2片）
接縫線

A布·裁布圖

表本體
寬50cm
摺雙
正面

B布·裁布圖

肩背帶
裡本體
正面
寬55cm
摺雙

作法

縫製本體

暫時車縫固定。
蠟繩（25cm）
表本體（正面）
對摺側標
暫時車縫固定。

表本體（正面）
②車縫。
表本體（背面）
③縫份倒向單側。
①對摺。

裡本體（正面）
②車縫。
返口（約10cm）不車縫
③縫份倒向單側。
裡本體（背面）
①對摺。

表本體（背面）
①對齊脇邊＆底線。
②車縫。
底線
※裡本體作法亦同。

2 車縫肩背帶

肩背帶（正面）
①車縫
肩背帶（背面）
②燙開縫份。

肩背帶（背面）
摺疊縫份。

①對摺
②車縫。
肩背帶（正面）
0.5 0.2
0.5 0.2

3 車縫袋口

①翻至正面
表本體（背面）
對齊脇邊＆肩背帶中央。
②暫時車縫固定。
表本體（正面）
肩背帶

①將表本體放入裡本體中。
②車縫。
表本體（背面）
裡本體（背面）
返口
③自返口翻至正面
將縫份倒向不同方向。

裡本體（正面）
①沿0.2cm處車縫。
②以藏針縫縫合裡本體返口
③縫上鈕釦。
表本體（正面）

4 完成

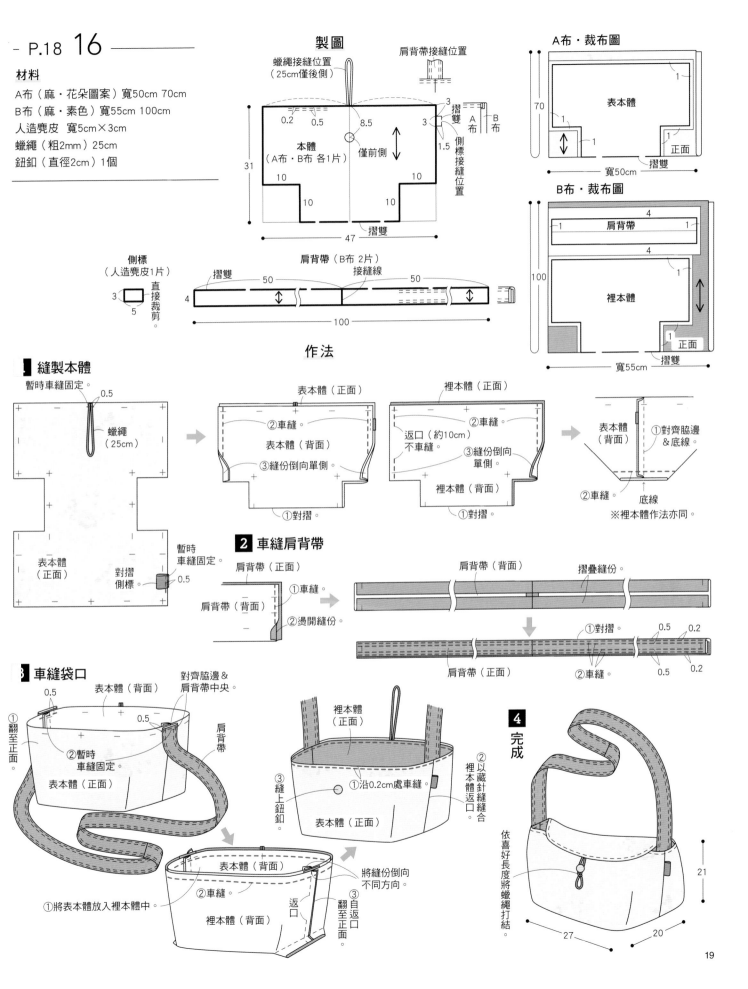

依喜好長度將蠟繩打結
21
27
20

19

17

小方包

飽滿立體感的小方包，是穿搭的可愛焦點。
建議使用紅、黑、白等，
鮮明色彩的布料製作。

設計・製作／冨山朋子（popo）

作法　P.22

2WAY

手提也可愛唷！

內藏繽紛圓點布
&必不可少的小口袋！

2WAY

拆下肩背帶，
當成波奇包或手拿包也OK。
令人開心的是連長夾也能收納其中。

18

打開拉鍊，
裡布的小圓點若隱若現。

橢圓型隨身包

漂亮的天空色橢圓型小背包。
在上下側加入褶襉，造型出可愛的圓蓬感，
完成了容易搭配各種服裝的簡單包款。

製作／金丸かほり
肩背帶 提供／INAZUMA

作法　P.58

材料

表布（11號帆布・素色）寬100cm 35cm
裡布（棉・圓點）寬50cm 45cm
拉鍊 30cm（調整至27cm）1條
D型環（內徑15mm）2個
日型環（內徑15mm）1個
問號鉤（內徑15mm）2個
※調整拉鍊長度的作法參見P.50。

製圖　※本體的原寸紙型參見P.65。

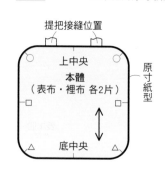

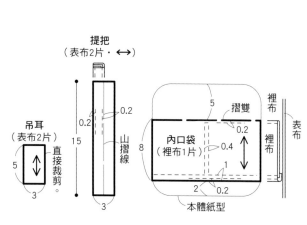

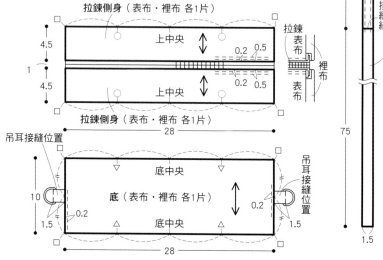

表布・裁布圖

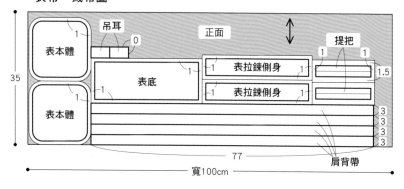

裡布・裁布圖

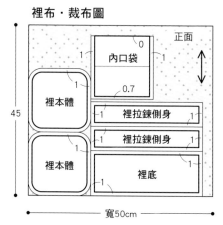

作法

1 接縫拉鍊

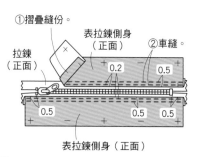

2 接縫吊耳

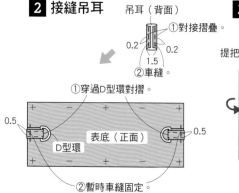

3 接縫提把

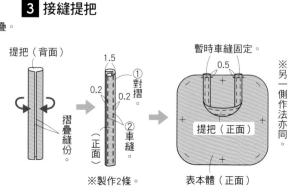

4 縫合表拉鍊側身・表底・表本體

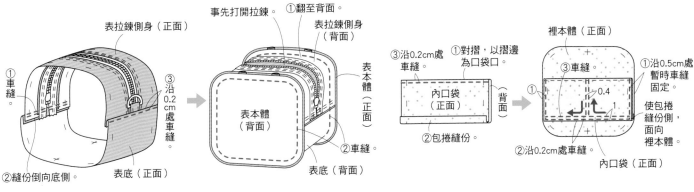

表拉鍊側身（正面）
事先打開拉鍊。
①翻至背面。
表拉鍊側身（背面）
①車縫。
③沿0.2cm處車縫。
②縫份倒向底側。
表底（正面）
表本體（背面）
表本體（正面）
表底（背面）
②車縫。

5 接縫內口袋

裡本體（正面）
③沿0.2cm處車縫。
①對摺，以摺邊為口袋口。
③車縫
①沿0.5cm處暫時車縫固定。
內口袋（正面）
（背面）
①
0.4
1
②包捲縫份。
②沿0.2cm處車縫。
內口袋（正面）
使包捲縫份側，面向裡本體。

6 縫合裡拉鍊側身・裡底・裡本體

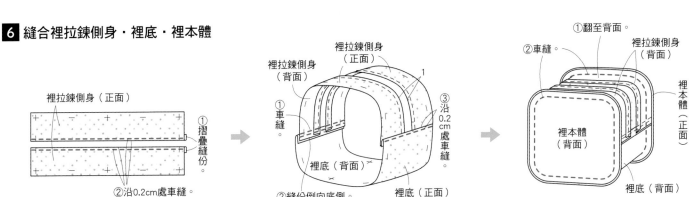

裡拉鍊側身（正面）
①摺疊縫份。
②沿0.2cm處車縫。
裡拉鍊側身（背面）
裡拉鍊側身（正面）
①車縫。
③沿0.2cm處車縫。
②縫份倒向底側。
裡底（背面）
裡底（正面）
1
②車縫。
①翻至背面。
裡拉鍊側身（背面）
裡本體（正面）
裡本體（背面）
裡底（背面）

7 車縫肩背帶

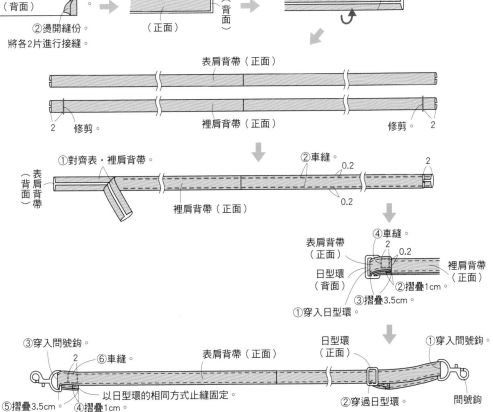

（正面）
肩背帶（背面）
①車縫。
②燙開縫份。
將各2片進行接縫。
對摺作出摺線。
（正面）
（背面）
對齊摺線摺疊。
1.5
（正面）
（背面）

表肩背帶（正面）
裡肩背帶（正面）
2　修剪。
修剪。　2

①對齊表・裡肩背帶。
表肩背帶（背面）
②車縫。
0.2
2
裡肩背帶（正面）
0.2

表肩背帶（正面）
2
0.2
④車縫。
裡肩背帶（正面）
日型環（背面）
②摺疊1cm。
③摺疊3.5cm。
①穿入日型環。

③穿入問號鉤。
2
⑥車縫。
以日型環的相同方式止縫固定。
⑤摺疊3.5cm。
④摺疊1cm。
表肩背帶（正面）
日型環（正面）
①穿入問號鉤。
②穿過日型環。
問號鉤

8 接縫裡本體

②表本體放入裡本體之中。
③挑縫。
①裡本體翻至正面。
裡拉鍊側身（正面）
裡本體（正面）
裡底（正面）

9 完成

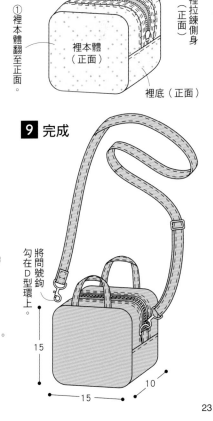

將問號鉤勾在D型環上。
15
15
10

箱型小肩包

簡潔的袋型，極好地表現出布料印花之美。
在此以可愛的小房子防水布製作，下雨天也不怕淋濕。

設計・製作／冨山朋子（popo）
肩背帶　提供／ INAZUMA

作法　　P.60

內裡附有口袋。
裝入書本或長夾都沒問題！

19

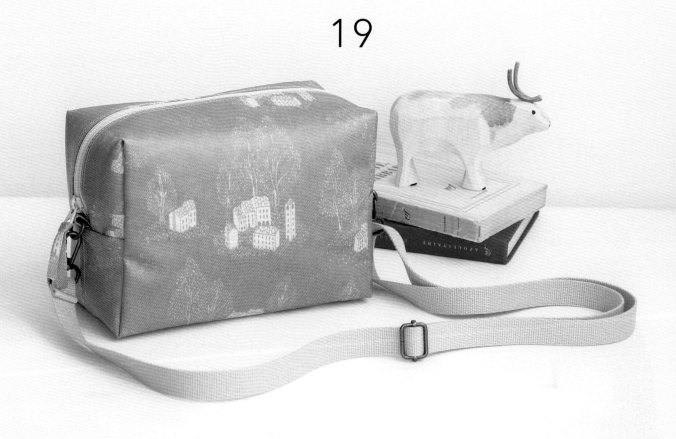

內容物較多時，
可打開側面的按鈕擴充空間。
由於側身寬廣，因此容量充足。

20

2WAY

根據狀況需求，
亦可斜背。

側身口袋2way包

以左右口袋為設計重點的時尚托特包。
打開側邊按鈕，帶來的感受又截然不同。
芥末黃的配布，也為整體增添了亮點。

設計・製作／冨山朋子（popo）
肩背帶　提供／INAZUMA

作法　P.62

很適合較成熟的裝扮唷！

搭配自然風穿搭也OK。

21

圓柱波士頓包

選用人字紋布料，車縫成筒狀的波士頓小背包。
無論成熟風或休閒風穿搭皆適用，
是百搭不失敗的推薦設計。

設計・製作／冨山朋子（popo）
肩背帶 提供／INAZUMA

作法 P.27

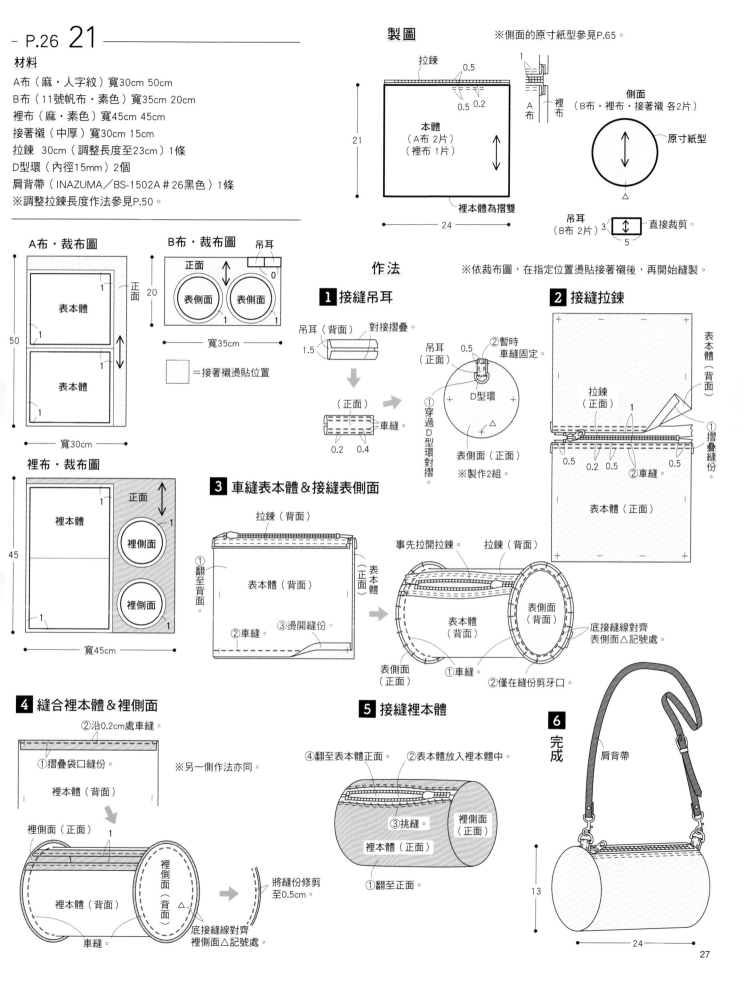

材料

A布（麻・人字紋）寬30cm 50cm
B布（11號帆布・素色）寬35cm 20cm
裡布（麻・素色）寬45cm 45cm
接著襯（中厚）寬30cm 15cm
拉鍊　30cm（調整長度至23cm）1條
D型環（內徑15mm）2個
肩背帶（INAZUMA／BS-1502A＃26黑色）1條
※調整拉鍊長度作法參見P.50。

製圖　　※側面的原寸紙型參見P.65。

拉鍊
0.5
0.5 0.2
A布
裡布
21
本體
（A布 2片）
（裡布 1片）
24
裡本體為摺雙

側面
（B布・裡布・接著襯 各2片）
原寸紙型
△

吊耳
（B布 2片）3
5
直接裁剪。

A布・裁布圖
正面
表本體
1
1
50
表本體
1
寬30cm

B布・裁布圖
吊耳
0
正面
表側面　表側面
1　1
20
寬35cm
□ ＝接著襯燙貼位置

裡布・裁布圖
正面
裡本體
1
1
裡側面
45
裡側面
1　1
寬45cm

作法　　※依裁布圖，在指定位置燙貼接著襯後，再開始縫製。

1 接縫吊耳

吊耳（背面）
對接摺疊。
1.5
（正面）
車縫
0.2　0.4

吊耳（正面）
0.5
②暫時車縫固定。
D型環
①穿過D型環對摺。
表側面（正面）
△
※製作2組。

2 接縫拉鍊

拉鍊（正面）
1
表本體（背面）
①摺疊縫份。
0.5　0.2 0.5　0.5
②車縫。
表本體（正面）

3 車縫表本體＆接縫表側面

拉鍊（背面）
表本體（背面）
①翻至背面。
②車縫。
③燙開縫份。
表本體（正面）

事先拉開拉鍊。　拉鍊（背面）
表本體（背面）
表側面（背面）
表側面（正面）
①車縫。
②僅在縫份剪牙口。
底接縫線對齊表側面△記號處。

4 縫合裡本體＆裡側面

②沿0.2cm處車縫。
①摺疊袋口縫份。
※另一側作法亦同。
裡本體（背面）
裡側面（正面）
1
裡本體（背面）
裡側面（背面）
△
車縫
底接縫線對齊裡側面△記號處。
將縫份修剪至0.5cm。

5 接縫裡本體

④翻至表本體正面。
②表本體放入裡本體中。
③挑縫。
裡側面（正面）
裡本體（正面）
①翻至正面。

6 完成

肩背帶
13
24

22

蓬蓬褶襴包

手帕或手機等，
只想帶極簡隨身物品出門時，這個尺寸剛剛好！
圓弧底角＆蓬鬆立體感的褶襴，
都使整體帶出柔和的印象。

設計・製作／ nana (warm*heart)

作法　P.66

內側使用圓點布料。

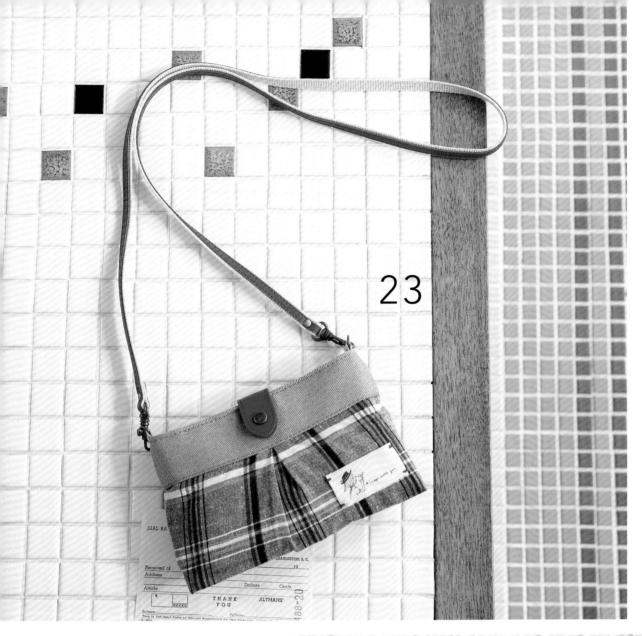

23

中央褶襉包

美麗格紋的休閒小背包。
在中央收摺成八字形的褶襉是視覺焦點，
加上手縫的袋口固定釦，
質感更加分！

設計・製作／*Ajour
23肩背帶・固定釦　提供／ INAZUMA
24附問號鉤背鍊　提供／ INAZUMA

作法　23…P.68
　　　24…P.70

若變換布料質感，表現出成熟華麗的風格，
正式場合也適用。

24

袋底橢圓形，
整體呈現渾圓可愛又蓬鬆的造型。

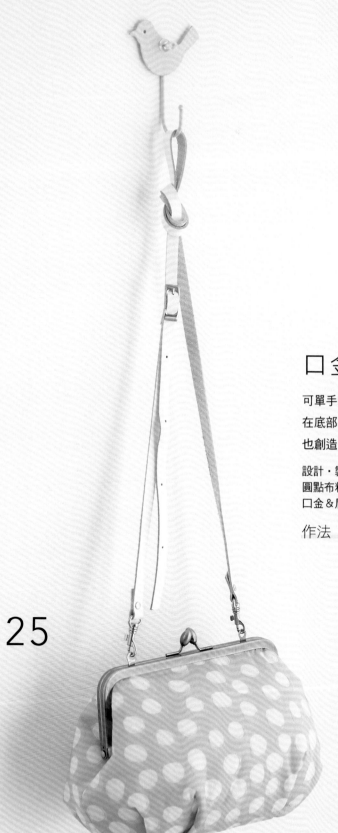

25

口金包

可單手輕鬆開闔的人氣口金小背包。
在底部抓褶襉的作法既可呈現立體感，
也創造出了更多的收納容量。

設計・製作／西村明子
圓點布料 提供／歐式服裝布料HIDEKI
口金＆肩背帶 提供／ INAZUMA

作法　P.74

秒開式大袋口！

2WAY

勾上肩背帶，
亦可斜背。

26

鋁管口金包

可迅速敞開全幅袋口的鋁管口金包，
取放物品非常方便，
外出或購物時都很實用。

製作／金丸かほり
花朵圖案布料 提供／decollections
鋁管口金 提供／角田商店
肩背帶 提供／INAZUMA

作法　P.32

材料

A布（棉‧花朵圖案／decollections cg974052）
寬75cm 30cm

B布（棉‧素色）寬100cm 35cm

單膠鋪棉 寬75cm 30cm

接著襯（薄）寬35cm 15cm

D型環（內徑15mm）2個

鋁管提把

（角田商店 鋁管口金）半圓形18cm 1組

肩背帶

（INAZUMA／BS-1203A#4 米色）1條

製圖 ※本體的原寸紙型參見P.80。

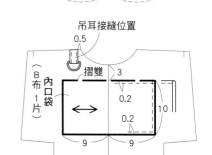

口布（B布‧接著襯 各2片） 接著襯 B布

5 0.5 0.5

30

9 9 B布

0.2

口布止縫點 本體（A布‧B布‧單膠鋪棉 各2片） 口布止縫點

原寸紙型

B布 A布 單膠鋪棉

A布‧裁布圖

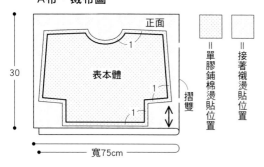

正面

30 表本體

摺雙

寬75cm

＝單膠鋪棉燙貼位置
＝接著襯燙貼位置

B布‧裁布圖

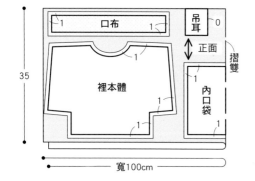

口布 吊耳 0
正面 摺雙
35 裡本體 內口袋

寬100cm

鋁管口金的尺寸

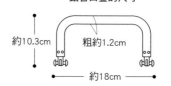

約10.3cm 粗約1.2cm

約18cm

吊耳（B布 2片）

7 6 直接裁剪。

吊耳接縫位置

0.5 摺雙 3

（B布 內口袋 1片）

0.2 10 0.2

9 9

本體紙型

作法 ※依裁布圖，在指定位置燙貼單膠鋪棉‧接著襯後，再開始縫製。

1 縫製內口袋

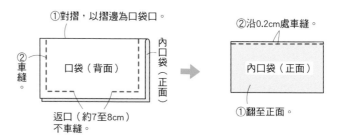

①對摺，以摺邊為口袋口。
②車縫。 口袋（背面） 內口袋（正面）
返口（約7至8cm）不車縫。

②沿0.2cm處車縫。 內口袋（正面）
①翻至正面。

2 車縫吊耳

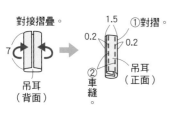

對接摺疊。
7 吊耳（背面）
1.5 0.2 0.2 ①對摺。 吊耳（正面）
②車縫。
※製作2條。

3 於裡本體接縫內口袋‧吊耳

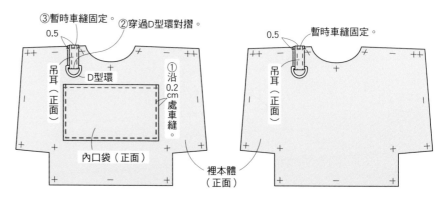

③暫時車縫固定。 ②穿過D型環對摺。
0.5
吊耳（正面） D型環
①沿0.2cm處車縫。
內口袋（正面）
裡本體（正面）

暫時車縫固定。
0.5
吊耳（正面）

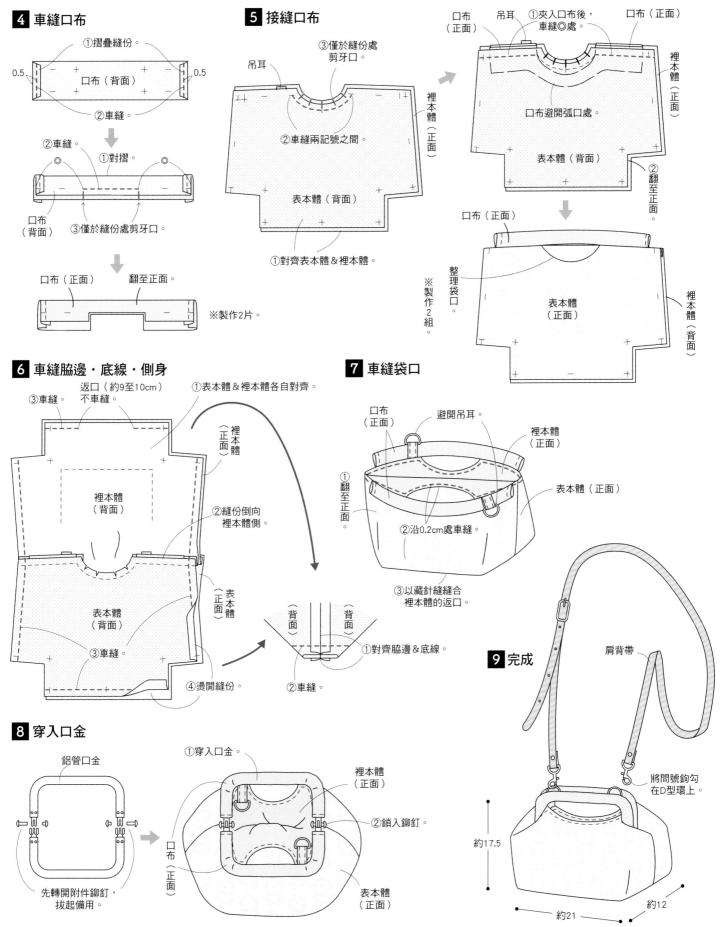

4 車縫口布

①摺疊縫份。
0.5　口布（背面）　0.5
②車縫。

②車縫。
①對摺。
◎　◎
口布（背面）
③僅於縫份處剪牙口。

口布（正面）　翻至正面。
※製作2片。

5 接縫口布

③僅於縫份處剪牙口。
吊耳
②車縫兩記號之間。
表本體（背面）
①對齊表本體＆裡本體。
裡本體（正面）
※製作2組。

口布（正面）
吊耳
①夾入口布後，車縫◎處。
口布（正面）
裡本體（正面）
口布避開弧口處。
表本體（背面）
②翻至正面。

整理袋口。
口布（正面）
表本體（正面）
裡本體（背面）

6 車縫脇邊・底線・側身

③車縫。
返口（約9至10cm）不車縫。
①表本體＆裡本體各自對齊。
裡本體（正面）
裡本體（背面）
②縫份倒向裡本體側。
表本體（背面）
裡本體（正面）
③車縫。
④燙開縫份。
①對齊脇邊＆底線。
（背面）（背面）
②車縫。

7 車縫袋口

口布（正面）
避開吊耳。
裡本體（正面）
①翻至正面。
②沿0.2cm處車縫。
表本體（正面）
③以藏針縫縫合裡本體的返口。

8 穿入口金

鋁管口金
先轉開附件鉚釘，拔起備用。

①穿入口金。
裡本體（正面）
②鎖入鉚釘。
口布（正面）
表本體（正面）

9 完成

肩背帶
將問號鉤勾在D型環上。
約17.5
約21
約12

33

27

包中包

平時可作為包中包放在大包包中，
需要時可機動取出，
作為肩背的便利小背包使用。
由於有很多口袋，
分類收納也很輕鬆！

設計・製作／主婦のミシン
肩背帶 提供／INAZUMA

作法 P.71

需要時，
可立刻從包中取出。

內外皆有口袋，
且紙型共通，
簡便的作法特別令人開心。

有許多分層！
鈔票＆卡片的收納非常充裕。

28

長夾斜背包

是錢包，也是小背包唷！
總是隱沒在大包包中難以尋找的錢包，若能獨立斜背就很方便。
特別推薦在附近購物等，想要以最簡便裝扮外出時使用。

設計・製作／ nana（warm*heart）
肩背帶　提供／ INAZUMA

作法　P.76

與不易快速取物的後背包搭配，
立刻解決購物時
掏錢包的不便。

製圖記號 開始製作之前

完成線	引導線	摺雙記號	山摺線	鈕釦・磁釦
——————	————	—— ·· —— ·· ——	— — — — —	◯

貼邊線	布紋（箭頭方向為直布紋）	表示等分線・同尺寸	褶襉的摺疊方式（從斜線高處往低處摺疊布料）
— ·· — ·· —	←———→	⌒ ⌒	

製圖的閱讀方法 & 裁布方式　本書製圖・紙型不含縫份。縫份尺寸標記於裁布圖中，請依指示外加縫份後裁布。

◆作法頁的數字單位皆為cm。

★本書使用的材料與布寬無絕對限制，
僅表示最低限度的使用量。

製圖

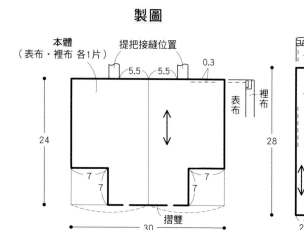

表布・裁布圖

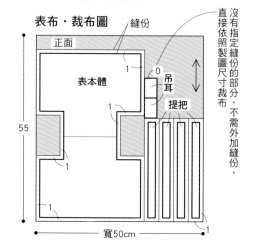

原寸紙型的描法

原寸紙型可以鉛筆描繪於透光薄紙或描圖紙上，亦可影印使用。

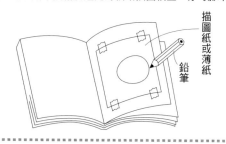

描圖紙或薄紙

鉛筆

D型環・口型環・日型環的尺寸

本書中，D型環・口型環・日型環的尺寸，
皆為「內徑」。

肩背帶
或吊耳

寬＝★

＊請依肩背帶或
吊耳寬度，
選擇適當的尺寸。

D型環　　口型環　　日型環

★＝內徑

接著襯的燙貼方式

使接著襯的黏貼面（有樹脂面，
手感較為粗糙，照射光線會反光
的那面），與布料背面相對合。

以熨斗熨壓，熨斗溫度約在
140℃左右，並務必在接著襯
上方加墊紙張。

不滑行熨斗，而是每次重
疊一半範圍，以避免產生
間隙的方式交錯熨壓。

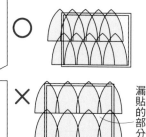

裁剪成和裁片相同大小，
或略小0.1至0.2cm左右。

接著襯

布料（背面）

黏貼面
較為粗糙，
有反光的那面。

漏貼
的部分

單膠鋪棉的燙貼方式

熨斗的燙法基本上與接著襯相同，但將黏貼面
（有樹脂面，手感較為粗糙，照射光線會反光
的那面）朝上放置，再疊放上欲黏貼的布料，
與布料背面相對合。
熨燙時需避免過於用力，壓扁鋪棉。

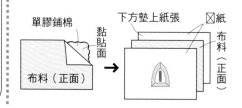

單膠鋪棉

黏貼面

布料（正面）

下方墊上紙張

車縫重點

＊珠針的固定方式

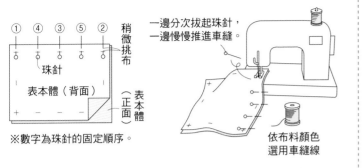

※數字為珠針的固定順序。

一邊分次拔起珠針，一邊慢慢推進車縫。

依布料顏色選用車縫線

＊無法以珠針固定的情況

帆布或牛仔布等厚質布料，無法以珠針固定，可以雙面膠（布用款・寬2mm）或疏縫固定夾固定縫份。

在縫份邊緣黏貼雙面膠。

表本體（背面）

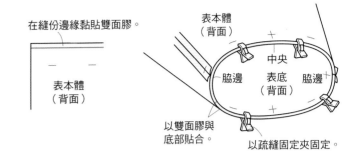

以雙面膠與底部貼合。

以疏縫固定夾固定。

＊始縫＆止縫

始縫＆止縫處，皆以回縫加強固定。回縫為在同一道車縫線上來回縫2至3回。

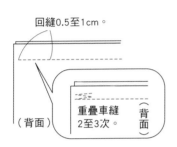

回縫0.5至1cm。

重疊車縫2至3次。（背面）

＊角落的車縫方式

在最後1針入針的狀態下抬起壓布腳，旋轉布料方向。

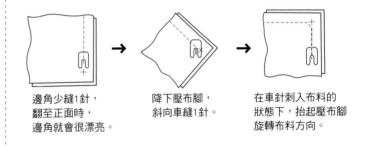

邊角少縫1針，翻至正面時，邊角就會很漂亮。

降下壓布腳，斜向車縫1針。

在車針刺入布料的狀態下，抬起壓布腳旋轉布料方向。

＊高低落差處的車縫方式

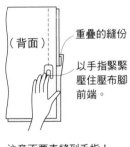

（背面）

重疊的縫份

以手指緊緊壓住壓布腳前端。

注意不要車縫到手指！

壓布腳左右有高低差

將明信片或厚紙摺疊起來，墊在下方調整至相同高度。

因縫份重疊而變得較厚。

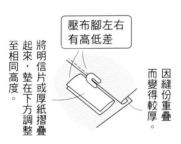

車縫有高低差的物品時，調整至相同高度是重點！

燙開＆側倒縫份

車縫2片布料時，可將縫份左右展開或倒向單側。

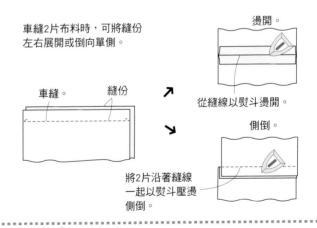

車縫。　縫份

燙開。

從縫線以熨斗燙開。

側倒。

將2片沿著縫線一起以熨斗壓燙側倒。

基礎的手縫

平針縫

0.3～0.4cm

0.3～0.4cm

回針縫

1出

3出

0.3～0.4cm

2入

立針縫

2入

3出

1出

0.3～0.4cm

藏針縫

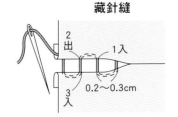

2出

1入

3入

0.2～0.3cm

製圖

材料

A布（11號帆布・素色）寬30cm 35cm
B布（帆布・花朵圖案）寬45cm 35cm
拉鍊　20cm 1條
皮繩（粗8mm）130cm
布標（寬1.2cm 6.2cm）1片

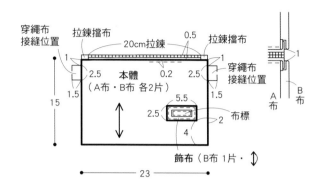

A布・裁布圖

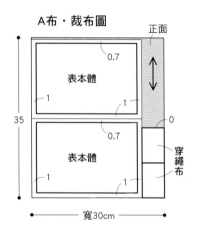

B布・裁布圖

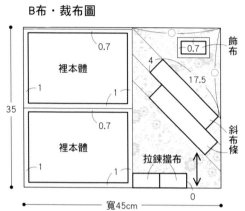

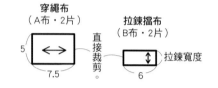

作法

1 在拉鍊兩端接縫拉鍊擋布

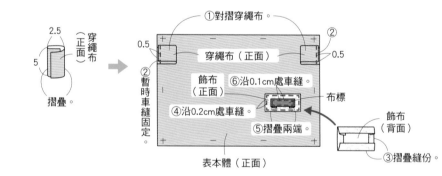

①對摺拉鍊擋布，
重疊於拉鍊兩端。
②車縫。

2 接縫穿繩布・飾布・布標

①對摺穿繩布。
②暫時車縫固定。
②⑥沿0.1cm處車縫
④沿0.2cm處車縫。
⑤摺疊兩端。
③摺疊縫份。
布標
飾布（背面）
表本體（正面）
穿繩布（正面）
飾布（正面）

3 在表本體接縫拉鍊

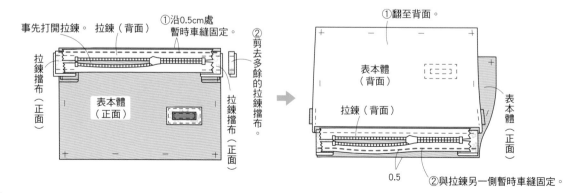

事先打開拉鍊。　拉鍊（背面）
①沿0.5cm處暫時車縫固定。
②剪去多餘的拉鍊擋布。
拉鍊擋布（正面）
表本體（正面）
①翻至背面。
表本體（背面）
拉鍊（背面）
表本體（正面）
0.5
②與拉鍊另一側暫時車縫固定。

4 裡本體接縫拉鍊

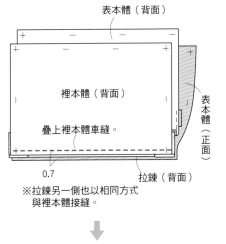

表本體（背面）
裡本體（背面）
疊上裡本體車縫。
表本體（正面）
拉鍊（背面）
0.7

※拉鍊另一側也以相同方式
與裡本體接縫。

↓

表本體（正面）
1
①車縫。
0.2
0.2
拉鍊擋布（正面）
裡本體（背面）
拉鍊擋布（正面）
拉鍊（正面）
表本體（正面）

5 車縫底部

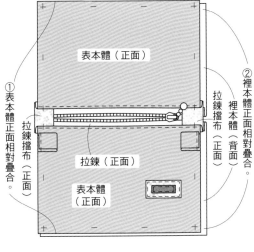

表本體（正面）
①表本體正面相對疊合。
拉鍊擋布（正面）
拉鍊（正面）
表本體（正面）
②裡本體正面相對疊合。
拉鍊擋布（正面）
裡本體（背面）

※分別將表本體、裡本體各自車縫。

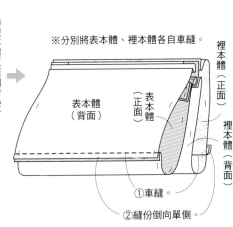

表本體（背面）
表本體（正面）
裡本體（正面）
裡本體（背面）
①車縫。
②縫份倒向單側。

6 車縫脇邊

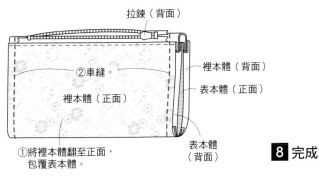

拉鍊（背面）
②車縫。
裡本體（背面）
表本體（正面）
裡本體（正面）
表本體（背面）
①將裡本體翻至正面，包覆表本體。

8 完成

7 處理縫份

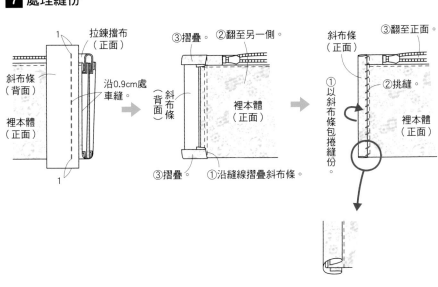

拉鍊擋布（正面）
斜布條（背面）
裡本體（正面）
沿0.9cm處車縫。

→

③摺疊。
②翻至另一側。
斜布條（背面）
裡本體（正面）
③摺疊。
①沿縫線摺疊斜布條。

→

斜布條（正面）
③翻至正面。
①以斜布條包捲縫份。
②挑縫。
裡本體（正面）

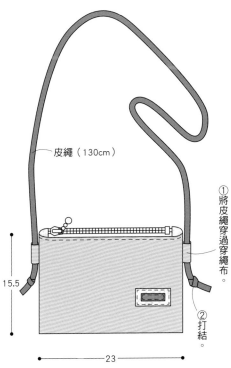

皮繩（130cm）
①將皮繩穿過穿繩布。
②打結。
15.5
←—— 23 ——→

材料（1個）
表布（8號帆布・素色）寬50cm 55cm
配布（11號帆布・花朵圖案）寬20cm 20cm
裡布（麻・素色）寬50cm 55cm
D型環（內徑10mm）2個
4肩背帶（INAZUMA／YAT-1420#3 象牙色）1條
5肩背帶（INAZUMA／YAT-1417#41 深藍色）1條

8號帆布以
車縫線…30號
車針…14至16號
進行車縫。

製圖

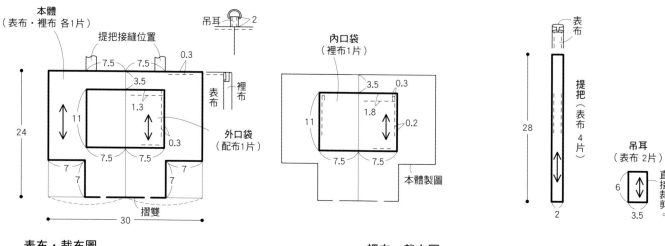

本體
（表布・裡布 各1片）
提把接縫位置
吊耳 2
0.3
7.5 7.5
3.5
1.3
11
24
7.5 7.5
0.3
7
7 7
7
摺雙
30
表布
裡布
外口袋
（配布1片）

內口袋
（裡布1片）
3.5 0.3
11 1.8 0.2
7.5 7.5
本體製圖

表布
提把
（表布 4片）
28
2
吊耳
（表布 2片）
6 直接裁剪。
3.5

表布・裁布圖

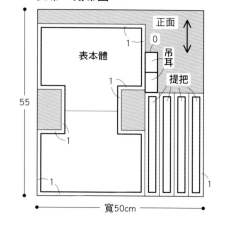

正面
1 0
表本體
吊耳
1
提把
55
1
1 1
寬50cm

配布・裁布圖

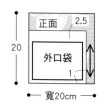

正面 2.5
20
外口袋
1
寬20cm

裡布・裁布圖

正面
裡本體
1
1
55
1
3
內口袋
1
寬50cm

作法

1 接縫外口袋

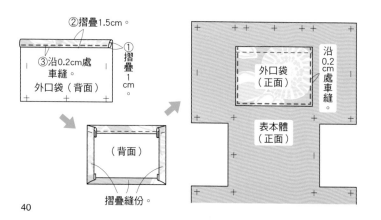

②摺疊1.5cm。
①摺疊1cm。
③沿0.2cm處車縫。
外口袋（背面）

（背面）
摺疊縫份。

外口袋（正面）
沿0.2cm處車縫
表本體（正面）

2 接縫內口袋

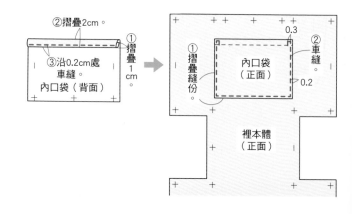

②摺疊2cm。
①摺疊1cm。
③沿0.2cm處車縫。
內口袋（背面）

①摺疊縫份
0.3
②車縫
內口袋（正面）
0.2
裡本體（正面）

3 接縫提把

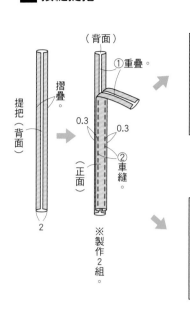

提把（背面）

摺疊。

（背面）
①重疊。
（正面）
0.3
0.3
②車縫。

2

※製作2組。

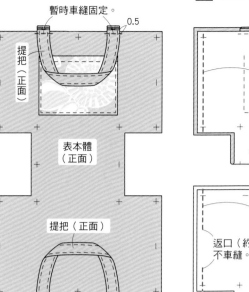

暫時車縫固定。
0.5

提把（正面）

表本體（正面）

提把（正面）

暫時車縫固定。
0.5

4 車縫本體

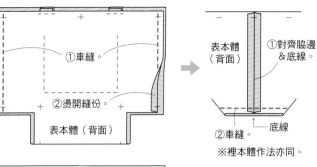

①車縫。
②燙開縫份。
表本體（背面）

表本體（背面）
①對齊脇邊&底線。
②車縫。
底線

※裡本體作法亦同。

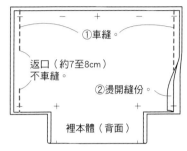

①車縫。
返口（約7至8cm）
不車縫。
②燙開縫份。
裡本體（背面）

5 接縫吊耳

對接摺疊。
吊耳（背面）

①對摺。
0.3
0.3
②車縫。
（正面）
0.9

※製作2組。

③對齊吊耳中央&脇邊，暫時車縫固定。

吊耳（正面）
0.5
0.5
①表本體翻至正面。
吊耳（正面）
D型環
②穿過D型環對摺。
表本體（正面）

6 車縫袋口

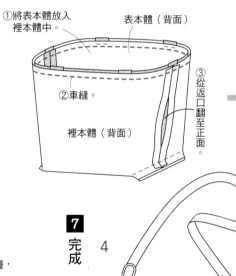

①將表本體放入裡本體中。
表本體（背面）
②車縫。
③從返口翻至正面。
裡本體（背面）

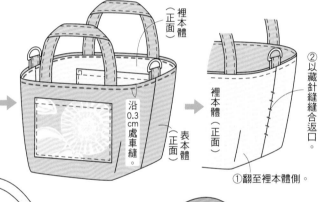

裡本體（正面）
沿0.3cm處車縫。
表本體（正面）

裡本體（正面）
②以藏針縫縫合返口。
①翻至裡本體側。

7 完成

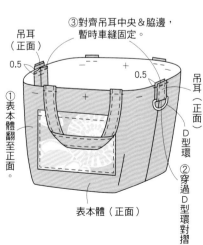

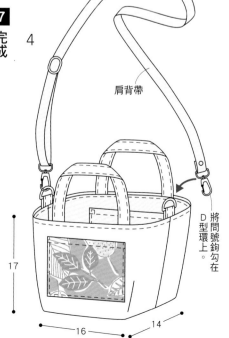

4

肩背帶

17
16   14

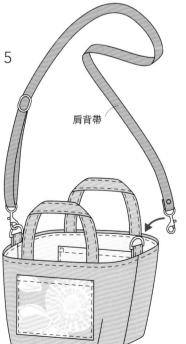

5

肩背帶

D型環
將問號鉤勾在D型環上。

材料（1個）

A布（厚刷毛緹花布）寬65cm 35cm
B布（麻・素色）寬80cm 35cm
C布（僅7 棉・素色）寬10cm 10cm
接著襯 寬50cm 35cm
蠟繩（粗4mm）180cm
D型環（內徑15mm）2個
6肩背帶（INAZUMA/BS-1502A＃26黑色）1條
7肩背帶（INAZUMA／KM-7#25 焦茶色）1條

製圖

※底部的原寸紙型參見P.59。

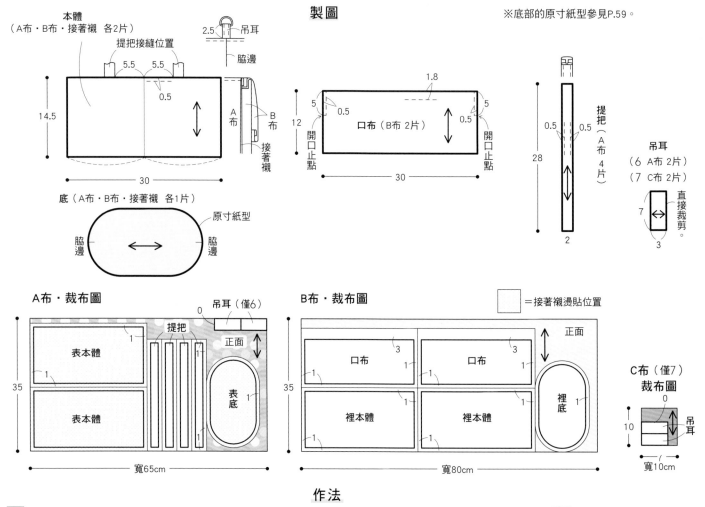

本體
（A布・B布・接著襯 各2片）

提把接縫位置

5.5　5.5

0.5

14.5

30

吊耳

2.5

脇邊

A布 B布 接著襯

底（A布・B布・接著襯 各1片）

脇邊　脇邊

原寸紙型

口布（B布 2片）

1.8

5　0.5　0.5　5

12

開口止點　開口止點

30

提把（A布 4片）

0.5　0.5

28

2

吊耳
（6 A布 2片）
（7 C布 2片）

7

3

直接裁剪。

A布・裁布圖

吊耳（僅6）

提把

表本體

表本體

表底

正面

1　0　1

35

寬65cm

B布・裁布圖

□＝接著襯燙貼位置

口布　口布

裡本體　裡本體

裡底

正面

35

寬80cm

C布（僅7）
裁布圖

0

10　吊耳

寬10cm

作法

1 車縫口布

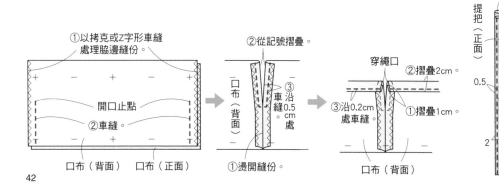

①以拷克或Z字形車縫處理脇邊縫份。

開口止點

②車縫。

口布（背面）　口布（正面）

②從記號摺疊。

口布（背面）

③車縫0.5cm處

①燙開縫份。

穿繩口

②摺疊2cm。

③沿0.2cm處車縫

①摺疊1cm。

口布（背面）

2 接縫提把

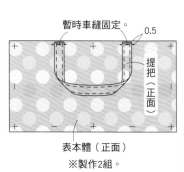

①摺疊縫份。

提把（正面）

②對齊。

0.5

0.5

③車縫

2

暫時車縫固定。

0.5

提把（正面）

表本體（正面）

※製作2組。

3 車縫表本體脇邊

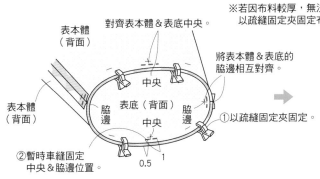

表本體（正面）
①車縫。
表本體（背面）
②燙開縫份。

4 接縫吊耳

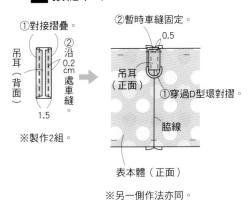

①對接摺疊。
②沿0.2cm處車縫。
吊耳（背面）
1.5
※製作2組。

②暫時車縫固定。
0.5
吊耳（正面）
①穿過D型環對摺。
脇線
表本體（正面）

※另一側作法亦同。

5 車縫裡本體脇邊

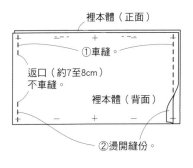

裡本體（正面）
①車縫。
返口（約7至8cm）不車縫。
裡本體（背面）
②燙開縫份。

6 縫合表本體＆表底

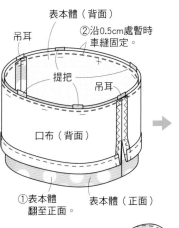

表本體（背面）
對齊表本體＆表底中央。
將表本體＆表底的脇邊相互對齊。
中央
表底（背面）
脇邊
表本體（背面）
脇邊
中央
①以疏縫固定夾固定。
②暫時車縫固定中央＆脇邊位置。
0.5 1

※若因布料較厚，無法以珠針穿入，以疏縫固定夾固定布料即可。

表本體（背面）
②將縫份修剪至0.7cm。
表底（背面）
①車縫。

※裡本體＆裡底也以相同方式縫合。

7 接縫口布＆車縫袋口

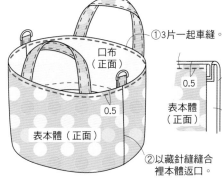

表本體（背面）
②沿0.5cm處暫時車縫固定。
吊耳
提把
吊耳
口布（背面）
①表本體翻至正面。
表本體（正面）

①將表本體放入裡本體中。
②車縫。
表本體（背面）
裡本體（背面）
③自返口翻至正面。
裡底（正面）

①3片一起車縫。
口布（背面）
0.5
口布（正面）
0.5
表本體（正面）
表本體（正面）
表本體（背面）
裡本體（背面）
②以藏針縫縫合裡本體返口。

8 完成

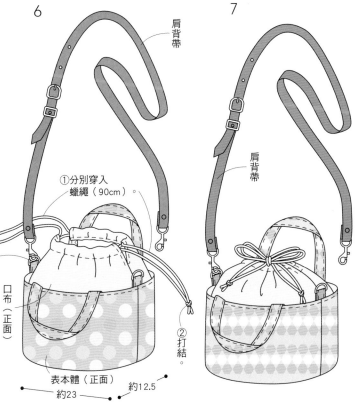

6
肩背帶
①分別穿入蠟繩（90cm）
將問號鈎勾在D型環上。
14.5
口布（正面）
表本體（正面）
約23
②打結
約12.5

7
肩背帶

材料

表布（棉・花朵圖案）寬40cm 55cm
配布（棉・素色）寬20cm 45cm
裡布（棉・素色）寬40cm 55cm
接著襯（薄）寬40cm 55cm
蠟繩（粗2mm）32cm
鈕釦（直徑2cm）1個
D型環（內徑15mm）2個
肩背帶
　（INAZUMA／YAS-1011#4 米色）1條
布標（寬2.4cm 4cm）1片

製圖　※本體的原寸紙型參見P.45。

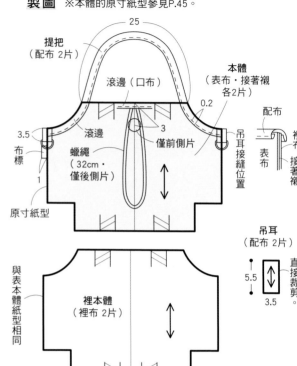

提把（配布 2片）
滾邊（口布）
本體（表布・接著襯 各2片）
25
0.2
配布
裡布
表布
接著襯
吊耳接縫位置
3
僅前側片
3.5
布標
滾邊
蠟繩（32cm・僅後側片）
1
原寸紙型

吊耳（配布 2片）
5.5
3.5
直接裁剪。

與表本體紙型相同
裡本體（裡布 2片）

表布＆裡布・裁布圖

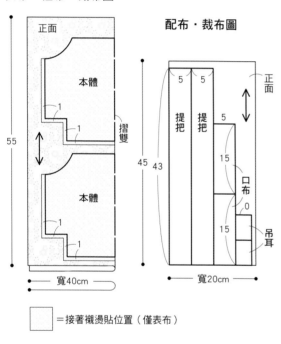

正面
本體
1
1
摺雙
55
本體
1
1
寬40cm

配布・裁布圖

5　5
提把　提把
5
正面
口布
15
0
15
吊耳
45　43
寬20cm

□＝接著襯燙貼位置（僅表布）

作法　※依裁布圖，在指定位置燙貼接著襯後，再開始縫製。

1 摺疊底側褶襉

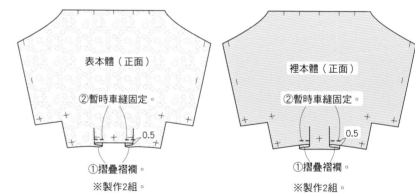

表本體（正面）
②暫時車縫固定。
①摺疊褶襉。
0.5
※製作2組。

裡本體（正面）
②暫時車縫固定。
①摺疊褶襉。
0.5
※製作2組。

2 車縫本體

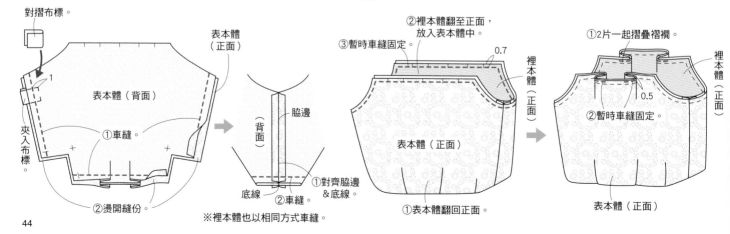

對摺布標。
表本體（背面）
1
夾入布標。
①車縫。
②燙開縫份。
表本體（正面）

脇邊
（背面）
①對齊脇邊＆底線。
底線
②車縫。
※裡本體也以相同方式車縫。

3 車縫袋口

③暫時車縫固定。
②裡本體翻至正面，放入表本體中。
0.7
裡本體（正面）
表本體（正面）
①表本體翻回正面。

①2片一起摺疊褶襉。
裡本體（正面）
0.5
②暫時車縫固定。
表本體（正面）

44

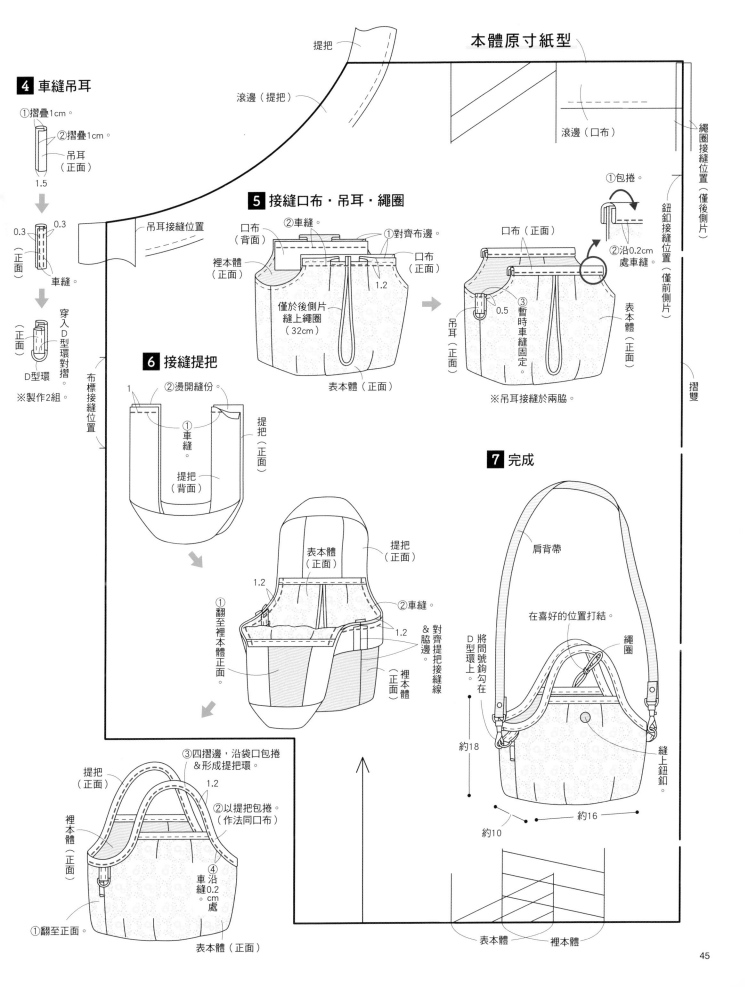

4 車縫吊耳

①摺疊1cm。
②摺疊1cm。
吊耳（正面）
1.5

0.3　0.3
（正面）
車縫。

（正面）
穿入D型環對摺。
D型環
※製作2組。

提把
滾邊（提把）

吊耳接縫位置

布標接縫位置

本體原寸紙型

滾邊（口布）

繩圈接縫位置（僅後側片）

鈕釦接縫位置（僅前側片）

摺雙

5 接縫口布・吊耳・繩圈

②車縫。
①對齊布邊。
口布（背面）
裡本體（正面）
口布（正面）
1.2
僅於後側片縫上繩圈（32cm）
表本體（正面）

①包捲。
②沿0.2cm處車縫。
口布（正面）
③暫時車縫固定。
0.5
吊耳（正面）
表本體（正面）
※吊耳接縫於兩脇。

6 接縫提把

1
②燙開縫份。
①車縫。
提把（正面）
提把（背面）

①翻至裡本體正面。

表本體（正面）
1.2
②車縫。
1.2
對齊提把接縫線＆脇邊。
裡本體（正面）

7 完成

肩背帶
在喜好的位置打結。
繩圈
將問號鉤勾在D型環上。
約18
縫上鈕釦。
約16
約10

③四摺邊，沿袋口包捲＆形成提把環。
1.2
提把（正面）
②以提把包捲。（作法同口布）
裡本體（正面）
④沿車縫0.2cm處
①翻至正面。
表本體（正面）

表本體　裡本體

製圖 ※底部原寸紙型參見P.47。

材料

表布（棉・花朵圖案）寬110cm 25cm
裡布（棉・直條紋）寬80cm 20cm
接著襯（厚）寬70cm 20cm
人字織帶 寬2cm 220cm
按釦（直徑14mm）1個
布標（寬1.5cm 5.5cm）1片

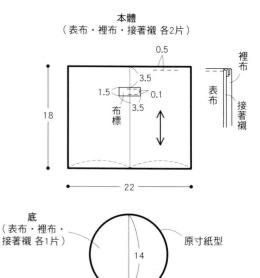

本體
（表布・裡布・接著襯 各2片）

0.5
3.5
1.5　0.1
布標
3.5
18
22

裡布
表布
接著襯

底
（表布・裡布・
接著襯 各1片）

14

原寸紙型

□ ＝接著襯燙貼位置

表布・裁布圖

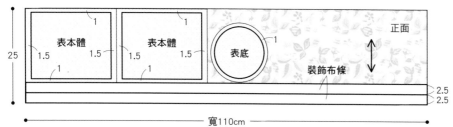

25
表本體　1　1.5　1.5　1
表本體　1　1.5　1.5　1
表底　1
正面
裝飾布條
2.5
2.5

寬110cm

內口袋
（裡布 1片）

1.5
按釦接縫位置
4　0.8
0.2
9.5
0.5
6.5　6.5

裡本體

裡布・裁布圖

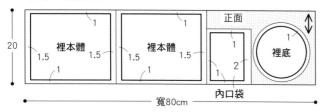

20
裡本體　1　1.5　1.5　1
裡本體　1　1.5　1.5　1
正面　1　1　2
裡底　1
內口袋

寬80cm

作法

※依裁布圖，在指定位置燙貼接著襯後，再開始縫製。

1 車縫肩背帶

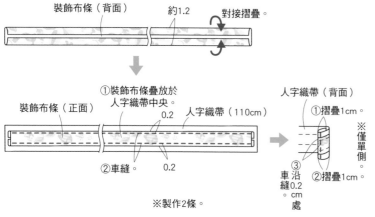

裝飾布條（背面）　約1.2　對接摺疊。

裝飾布條（正面）
①裝飾布條疊放於人字織帶中央　0.2
人字織帶（110cm）
②車縫。　0.2

人字織帶（背面）
①摺疊1cm。
③車沿縫0.2處
②摺疊1cm。
※僅單側

※製作2條。

2 接縫內口袋

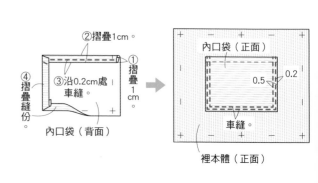

②摺疊1cm。
①摺疊1cm
③沿0.2cm處車縫。
④摺疊縫份。
內口袋（背面）

內口袋（正面）
0.5　0.2
車縫
裡本體（正面）

3 車縫布標

3.5
布標
②車縫沿0.1cm處
①摺疊。
3.5
表本體（正面）

4 車縫脇邊

①車縫。
表本體（背面）
②燙開縫份。
表本體（正面）

裡本體（背面）
返口（約7至8cm）不車縫。
①車縫。
②燙開縫份。
裡本體（正面）

5 接縫肩背帶＆底部

肩背帶
表本體（背面）
1
1
表本體（正面）
①肩背帶中央與脇邊對齊。
0.1
0.1
②沿著裝飾布條外圍車縫。

①翻至背面。
表本體（背面）
②車縫。
表底（背面）
③將縫份修剪至0.7cm。

※裡底也以相同方式與裡本體接縫。

6 車縫袋口

表本體（背面）
①表本體翻至正面，放入裡本體中。
避開肩背帶。
②車縫。
裡本體（背面）
③自返口翻至正面。

底部原寸紙型

7 縫上按釦

③在裡本體縫上按釦。
裡本體（正面）
①沿0.2cm處車縫。
1.5
表本體（正面）
②以藏針縫縫合裡本體返口。

8 完成

18
底部直徑14cm

材料

表布（棉‧繡花布）寬75cm 55cm
裡布（棉‧素色）寬60cm 50cm
皮革 10cm×10cm
平織帶 寬25mm 120cm
D型環（內徑25mm）2個
日型環（內徑25mm）1個
紅線（鈕釦縫線）

製圖 ※掀蓋的原寸紙型參見P.65。

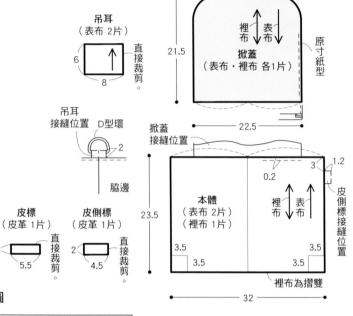

吊耳
（表布 2片）
6
8
直接裁剪。

掀蓋
（表布‧裡布 各1片）
21.5
原寸紙型
裡布 表布

22.5

吊耳
接縫位置 D型環
2
脇邊

掀蓋
接縫位置
0.2
3
1.2

皮標
（皮革 1片）
1.7
5.5
直接裁剪。

皮側標
（皮革 1片）
2
4.5
直接裁剪。

本體
（表布 2片）
（裡布 1片）
23.5
裡布 表布
皮側標接縫位置

3.5 3.5
3.5 3.5
裡布為摺雙

32

表布‧裁布圖

吊耳
0
口袋口
正面

表掀蓋
1 1 1
內口袋
1
內口袋
1
1 1

表本體
1 1
表本體
1 1

55

寬75cm

裡布‧裁布圖

正面

裡本體
1

裡掀蓋
1
1
1

50

寬60cm

（表布 2片）
內口袋
14
4 0.2
0.5
0.2
0.2
裡本體後側
9.5 9.5

※具有方向性的布料請注意布紋方向。

作法

1 接縫內口袋

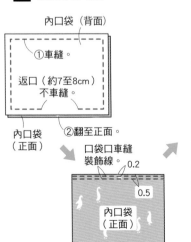

內口袋（背面）
①車縫。
返口（約7至8cm）不車縫。
內口袋（正面）
②翻至正面。

口袋口車縫裝飾線。 0.2
0.5
內口袋（正面）
返口縫份內摺。

內口袋（正面）
沿0.2cm處車縫。
裡本體（正面）

2 車縫掀蓋

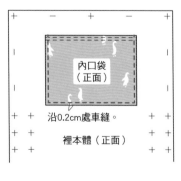

①車縫。
表掀蓋（背面）
②於曲線縫份剪牙口。
③翻至正面。
裡掀蓋（正面）

表掀蓋（正面）
裡掀蓋（背面）
沿0.2cm處車縫。

3 車縫本體

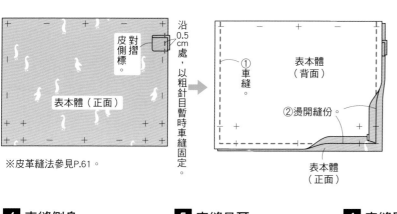

※皮革縫法參見P.61。

沿0.5cm處，以粗針目暫時車縫固定。

皮側標
對摺標

①車縫。
表本體（正面）

①車縫。
表本體（背面）
②燙開縫份。
表本體（正面）

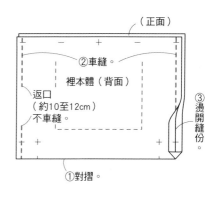

（正面）
②車縫。
裡本體（背面）
返口（約10至12cm）不車縫。
③燙開縫份。
①對摺。

4 車縫側身

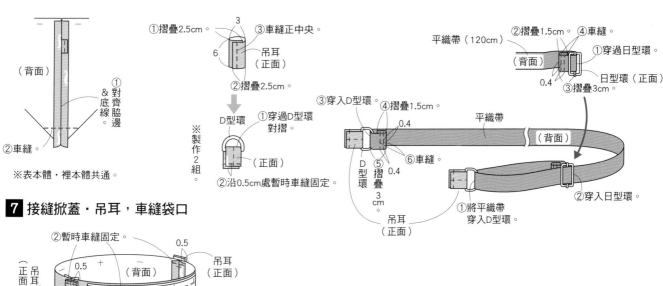

（背面）
①對齊脇邊＆底線。
②車縫。

※表本體・裡本體共通。

5 車縫吊耳

①摺疊2.5cm。
3
6
③車縫正中央。
吊耳（正面）
②摺疊2.5cm。

※製作2組。

D型環
①穿過D型環對摺。
（正面）
②沿0.5cm處暫時車縫固定。

6 車縫肩背帶

平織帶（120cm）
②摺疊1.5cm。
④車縫。
①穿過日型環。
（背面）
0.4
日型環（正面）
③摺疊3cm。

③穿入D型環。
④摺疊1.5cm。
0.4
平織帶
（背面）
⑤摺疊3cm
0.4
⑥車縫。
D型環
吊耳（正面）
①將平織帶穿入D型環。
②穿入日型環。

7 接縫掀蓋・吊耳，車縫袋口

②暫時車縫固定。
0.5
0.5
吊耳（正面）
（背面）
（正面）吊耳
肩背帶（背面）
0.5
表本體（正面）
裡掀蓋（正面）
表掀蓋（正面）
①翻至正面。
對齊本體＆掀蓋中央。
注意不要扭轉。

①將表本體放入裡本體中。
表本體（背面）
②車縫。
裡本體（背面）
③自返口翻至正面。

裡掀蓋（正面）
裡本體（正面）
0.2
吊耳（正面）
①沿0.2cm處車縫。
表本體（正面）
②以藏針縫縫合裡本體返口。

8 完成

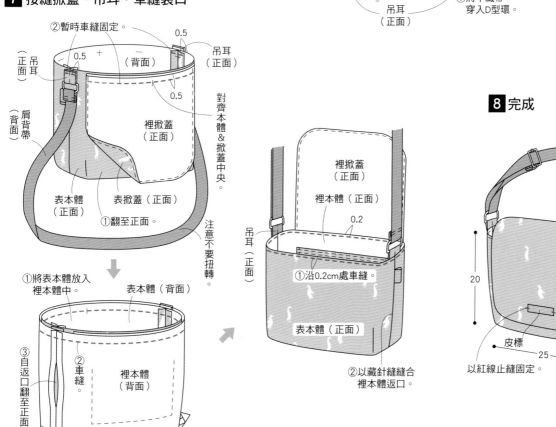

肩背帶
20
25
皮標
側身7cm
以紅線止縫固定。

49

12　13

材料（1個）

表布（11號帆布・素色）寬55cm 55cm

配布（11號帆布・圖案）寬30cm 20cm

裡布（棉・素色）寬85cm 45cm

拉鍊 40cm（調整至35cm）1條

D型環（內徑15mm）2個

12肩背帶（INAZUMA/YAT-1417＃870 焦茶色）1條

13肩背帶（INAZUMA/BS-1502A＃26 黑色）1條

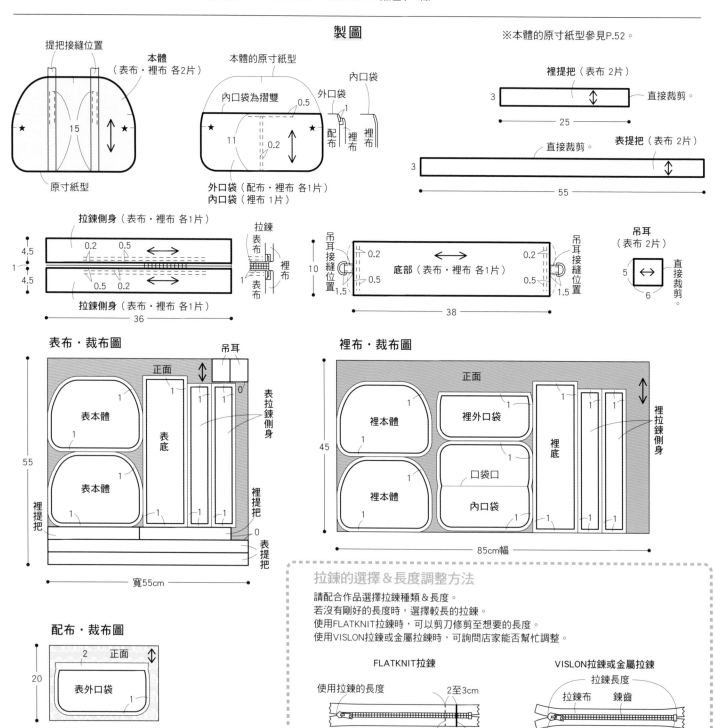

製圖

※本體的原寸紙型參見P.52。

提把接縫位置

本體
（表布・裡布 各2片）

本體的原寸紙型

內口袋

15

原寸紙型

內口袋為摺雙　0.5

外口袋

11　0.2

配布　裡布　裡布

外口袋（配布・裡布 各1片）
內口袋（裡布 1片）

裡提把（表布 2片）

3　直接裁剪。

25

直接裁剪。　表提把（表布 2片）

3

55

拉鍊側身（表布・裡布 各1片）

4.5　0.2　0.5

1

4.5　0.5　0.2

拉鍊側身（表布・裡布 各1片）

36

拉鍊
表布
裡布
表布

吊耳接縫位置　0.2　底部（表布・裡布 各1片）　0.2　吊耳接縫位置

10

0.5　0.5

1.5　1.5

38

吊耳
（表布 2片）

5

6

直接裁剪。

表布・裁布圖

吊耳

正面

表本體

表底

表拉鍊側身

表本體

裡提把

55

裡提把

表提把

寬55cm

裡布・裁布圖

正面

裡本體

裡外口袋

裡底

裡拉鍊側身

裡本體

口袋口

45

內口袋

裡本體

85cm幅

配布・裁布圖

2　正面

20　表外口袋

寬30cm

拉鍊的選擇＆長度調整方法

請配合作品選擇拉鍊種類＆長度。
若沒有剛好的長度時，選擇較長的拉鍊。
使用FLATKNIT拉鍊時，可以剪刀修剪至想要的長度。
使用VISLON拉鍊或金屬拉鍊時，可詢問店家能否幫忙調整。

FLATKNIT拉鍊

使用拉鍊的長度　2至3cm

來回車縫固定。　修剪。

VISLON拉鍊或金屬拉鍊

拉鍊長度

拉鍊布　錬齒

拉鍊頭

下止

▌ 接縫內口袋

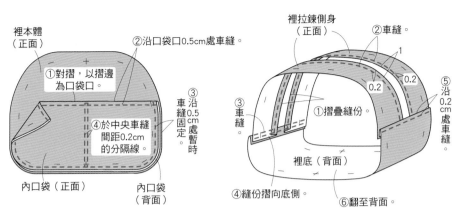

裡本體（正面）
①對摺，以摺邊為口袋口。
②沿口袋口0.5cm處車縫。
③沿0.5cm處車縫固定暫時
④於中央車縫間距0.2cm的分隔線。
內口袋（正面）
內口袋（背面）

2 接縫裡底＆裡拉鍊側身

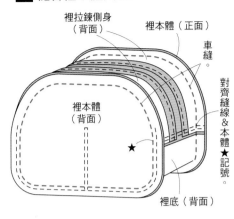

裡拉鍊側身（正面）
②車縫。
1
0.2
0.2
③車縫。
①摺疊縫份。
⑤沿0.2cm處車縫。
④縫份摺向底側。
裡底（背面）
⑥翻至背面。

3 縫合裡本體與 2

裡拉鍊側身（背面）
裡本體（正面）
車縫。
對齊縫線＆本體★記號。
裡本體（背面）
★
裡底（背面）

▌ 接縫提把

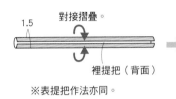

1.5
對接摺疊。
裡提把（背面）
※表提把作法亦同。

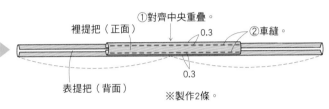

①對齊中央重疊。
裡提把（正面）
0.3
②車縫。
0.3
表提把（背面）
※製作2條。

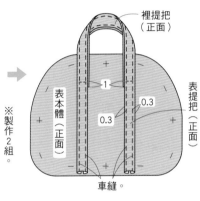

裡提把（正面）
1
表本體（正面）
0.3
0.3
表提把（正面）
※製作2組。
車縫。

5 接縫外口袋

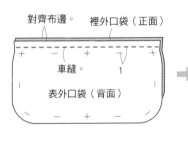

對齊布邊。
裡外口袋（正面）
車縫。
1
表外口袋（背面）

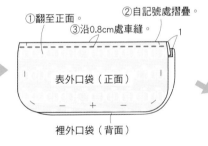

①翻至正面。
②自記號處摺疊。
③沿0.8cm處車縫。
1
表外口袋（正面）
裡外口袋（背面）

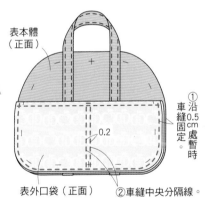

表本體（正面）
①沿0.5cm處車縫固定暫時
0.2
表外口袋（正面）
②車縫中央分隔線。

6 接縫拉鍊

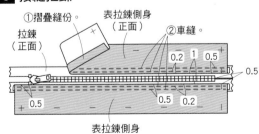

①摺疊縫份。
表拉鍊側身（正面）
拉鍊（正面）
②車縫。
0.2
1
0.5
0.5
0.5
0.2
表拉鍊側身

7 接縫吊耳

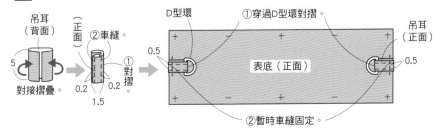

吊耳（背面）
5
對接摺疊。
（正面）
②車縫。
0.2
1.5
①對摺。
D型環
①穿過D型環對摺。
0.5
表底（正面）
吊耳（正面）
0.5
②暫時車縫固定。

8 縫合表拉鍊側身＆表底

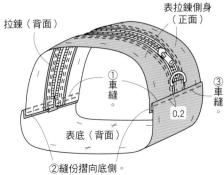

拉鍊（背面）
表拉鍊側身（正面）
①車縫。
0.2
③車縫。
表底（背面）
②縫份摺向底側。

接續次頁

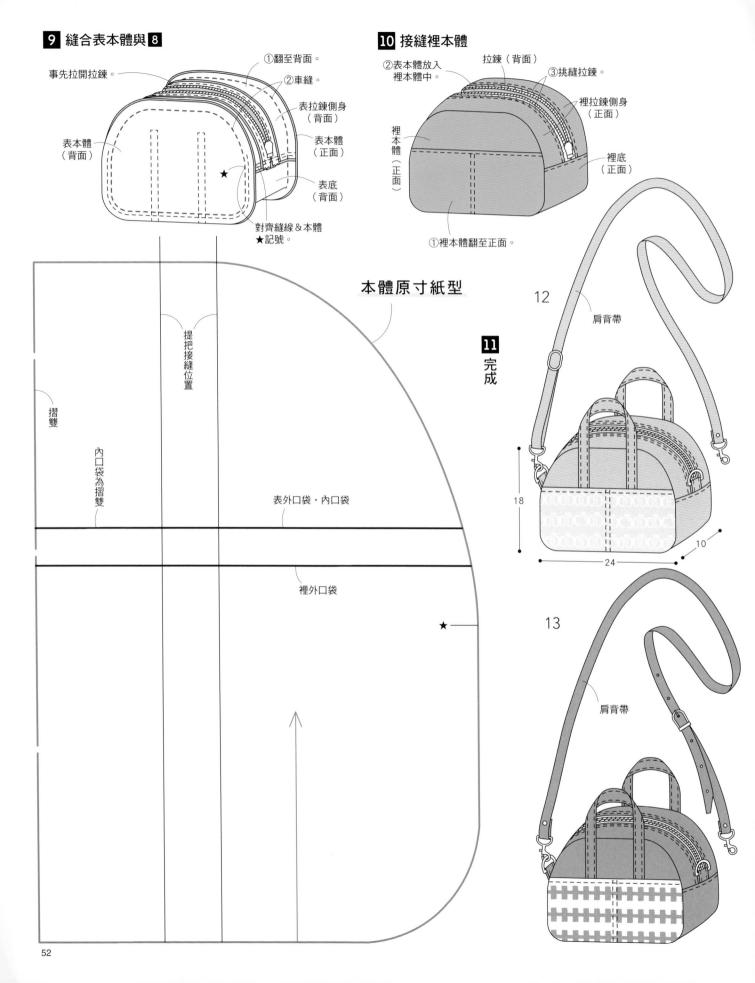

9 縫合表本體與 **8**

事先拉開拉鍊。

①翻至背面。
②車縫。

表拉鍊側身
（背面）

表本體
（背面）

表本體
（正面）

表底
（背面）

對齊縫線＆本體
★記號。

10 接縫裡本體

②表本體放入
裡本體中。

拉鍊（背面）

③挑縫拉鍊。

裡拉鍊側身
（正面）

裡本體
（正面）

裡底
（正面）

①裡本體翻至正面。

本體原寸紙型

提把接縫位置

摺雙

內口袋為摺雙

表外口袋・內口袋

裡外口袋

★

12

肩背帶

18

24

10

11
完成

13

肩背帶

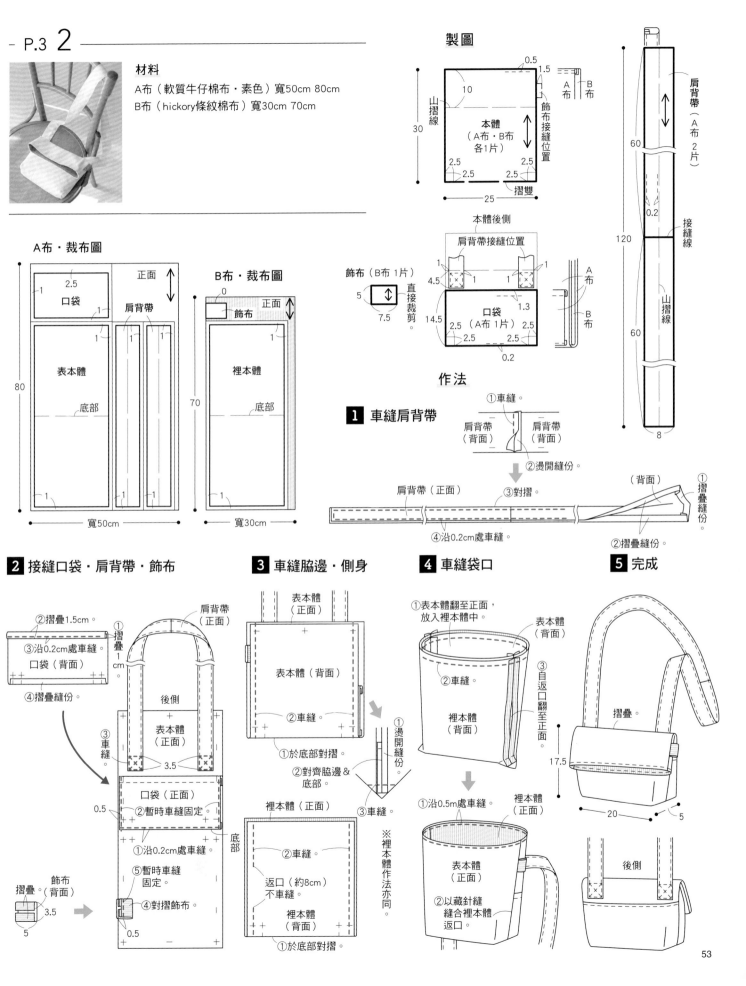

材料
A布（棉・花朵圖案）寬60cm 60cm
B布（棉・素色）寬40cm 60cm
圓繩（粗7mm）75cm

製圖

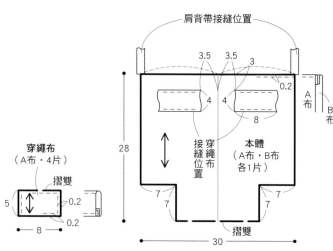

肩背帶接縫位置

3.5　3.5　3
0.2
A布
B布

28

4　4
8

接縫位置　穿繩布　本體（A布・B布各1片）

7　7
7　7
摺雙
30

穿繩布（A布・4片）
摺雙
5
0.2
0.2
8

（A布 1片・↔）　肩背帶　（B布 1片・↔）　山摺線　（A布 1片・↔）
3
0.2　接縫線
43　18　43

A布・裁布圖

正面
表本體　肩背帶
1　1.5
1
1.5
1　1
1
穿繩布
1
60
1　1.5　1
寬60cm

B布・裁布圖

裡本體
1
1
肩背帶
60
1
1.5
1.5
1
1
寬40cm

作法

1 接縫穿繩布

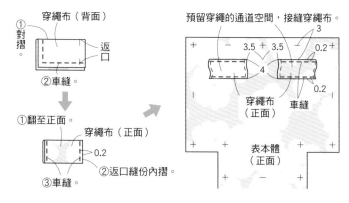

①對摺。
穿繩布（背面）
返口
②車縫。

①翻至正面。
穿繩布（正面）
0.2
②返口縫份內摺。
③車縫。

預留穿繩的通道空間，接縫穿繩布。
3
3.5　3.5　0.2
4
0.2
穿繩布（正面）
車縫
表本體（正面）

※另一側也縫上穿繩布。

2 車縫肩背帶

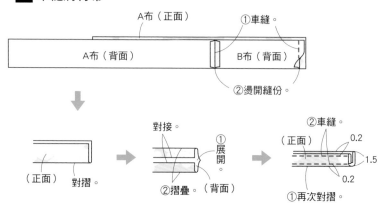

A布（正面）
①車縫。
A布（背面）　B布（背面）
②燙開縫份。

對摺。（正面）
對接。
①展開。
②摺疊。（背面）

（正面）
0.2
1.5
0.2
②車縫。
①再次對摺。

3 車縫脇邊

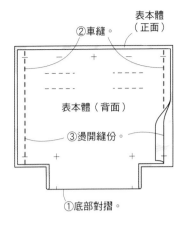

②車縫。
表本體（正面）
表本體（背面）
③燙開縫份。
①底部對摺。

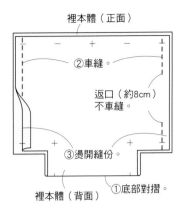

裡本體（正面）
②車縫。
返口（約8cm）不車縫
③燙開縫份。
裡本體（背面）
①底部對摺。

4 車縫側身

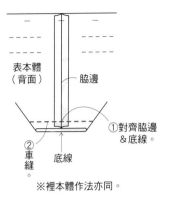

表本體（背面）
脇邊
①對齊脇邊＆底線。
②車縫
底線

※裡本體作法亦同。

5 車縫袋口

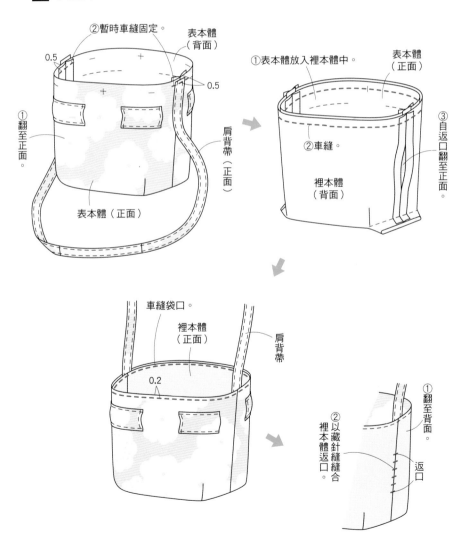

②暫時車縫固定。
0.5
表本體（背面）
0.5
①翻至正面。
肩背帶（正面）
表本體（正面）

①表本體放入裡本體中。
表本體（正面）
②車縫。
③自返口翻至正面。
裡本體（背面）

車縫袋口。
裡本體（正面）
肩背帶
0.2

①翻至背面。
②以藏針縫縫合裡本體返口。
返口

6 完成

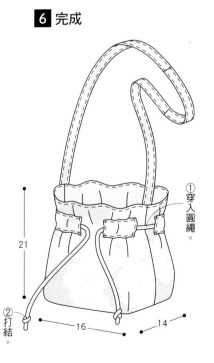

①穿入圓繩
21
②打結。
16
14

材料

表布（棉・花朵圖案／decollections CG0193）
　寬90cm 80cm

裡布（棉・素色）寬90cm 80cm

製圖

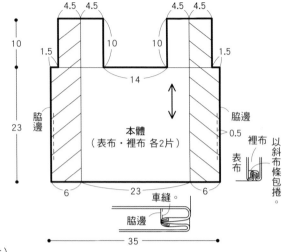

本體
（表布・裡布 各2片）

脇邊

脇邊

裡布

表布

以斜布條包捲。

車縫。

脇邊

表布＆裡布・裁布圖

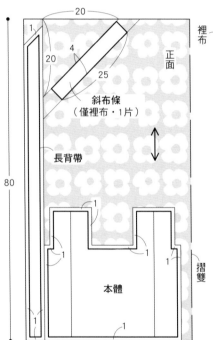

斜布條
（僅裡布・1片）

長背帶

本體

摺雙

正面

寬90cm

長背帶（表布・裡布 各2片）

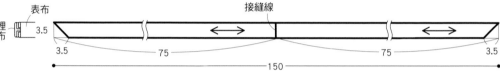

表布

裡布

接縫線

作法

1 車縫提把部分

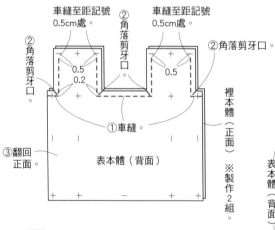

車縫至距記號
0.5cm處。

②角落剪牙口。

車縫至距記號
0.5cm處。

②角落剪牙口。

②角落剪牙口。

①車縫。

③翻回正面。

表本體（背面）

裡本體（正面）※製作2組。

2 縫合表本體提把

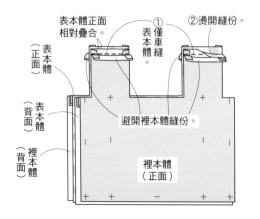

表本體正面相對疊合。

①僅車縫表本體。

②燙開縫份。

表本體（正面）

表本體（背面）

裡本體（背面）

避開裡本體縫份。

裡本體（正面）

3 縫合裡本體提把

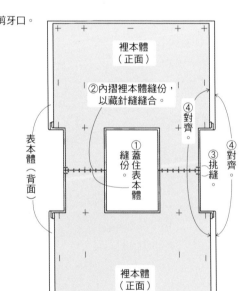

裡本體（正面）

②內摺裡本體縫份，以藏針縫縫合。

④對齊。

表本體（背面）

①蓋住表本體。

①縫份。

③挑縫。

④對齊。

裡本體（正面）

56

4 表本體・裡本體各自對齊脇邊縫合

①縫份倒向表本體側。

裡本體（背面）

②車縫。

②燙開縫份。

裡本體（正面）

表本體（正面）

表本體（背面）

裡本體（正面）

對齊脇邊

脇邊

對齊脇邊

表本體（正面）　裡本體（背面）

表本體（背面）

①抓合在一起。

0.5

脇邊

②表裡一起車縫。

5 固定側身的底部

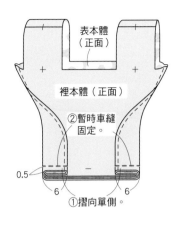

表本體（正面）

裡本體（正面）

②暫時車縫固定。

0.5

6　6

①摺向單側。

6 車縫底線

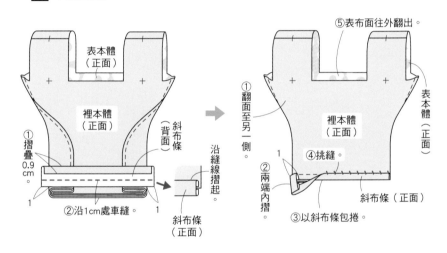

表本體（正面）

裡本體（正面）

①摺疊0.9cm

斜布條（背面）

②沿1cm處車縫。

1　1

沿縫線摺起。

斜布條（正面）

①翻面至另一側。

⑤表布面往外翻出。

表本體（正面）

裡本體（正面）

1

②兩端內摺

④挑縫。

③以斜布條包捲。

斜布條（正面）

7 作出側身摺線

脇邊

表本體（正面）

摺疊＆熨燙。

8 車縫長背帶

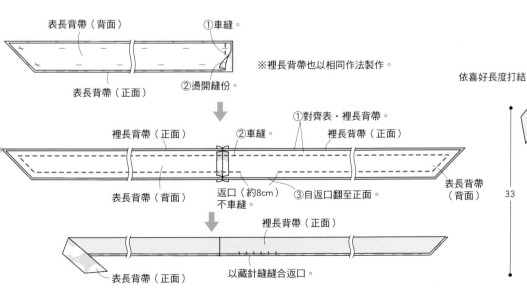

表長背帶（背面）

①車縫。

表長背帶（正面）

②燙開縫份。

※裡長背帶也以相同作法製作。

①對齊表・裡長背帶。

裡長背帶（正面）

②車縫。

裡長背帶（正面）

表長背帶（背面）

返口（約8cm）不車縫。

③自返口翻至正面。

表長背帶（背面）

裡長背帶（正面）

表長背帶（正面）

以藏針縫縫合返口。

9 完成

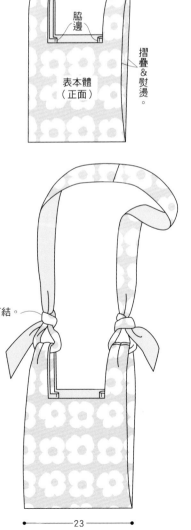

依喜好長度打結。

33

23

材料
表布（麻・素色）寬80cm 25cm
裡布（棉・圓點）寬80cm 25cm
接著襯　寬70cm 20cm
拉鍊　20cm1條
肩背帶（INAZUMA／BS-1202S#0 米白色）1條

製圖　　※原寸紙型參見P.59。

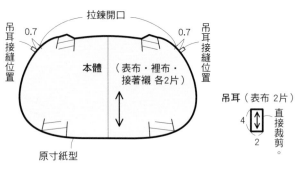

表布＆裡布・裁布圖

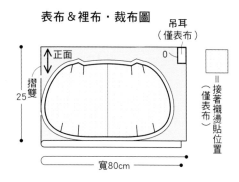

作法　　※依裁布圖，在指定位置燙貼接著襯後，
　　　　　再開始縫製。

1 疊合表本體＆裡本體

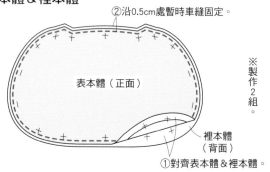

2 接縫吊耳，摺製褶襉

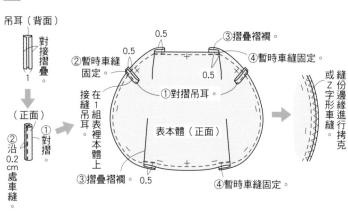

3 內摺拉鍊開口縫份

4 接縫拉鍊

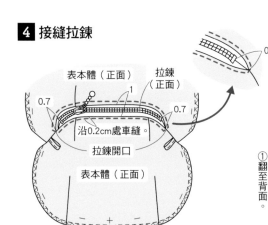

5 車縫本體

6 完成

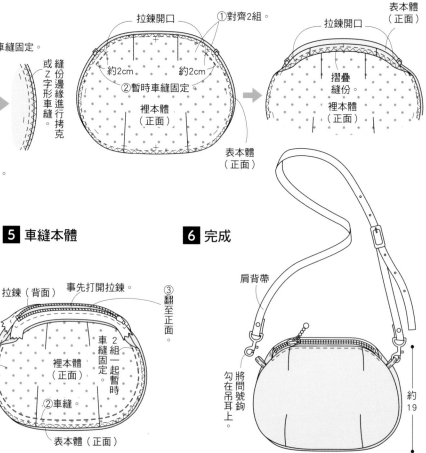

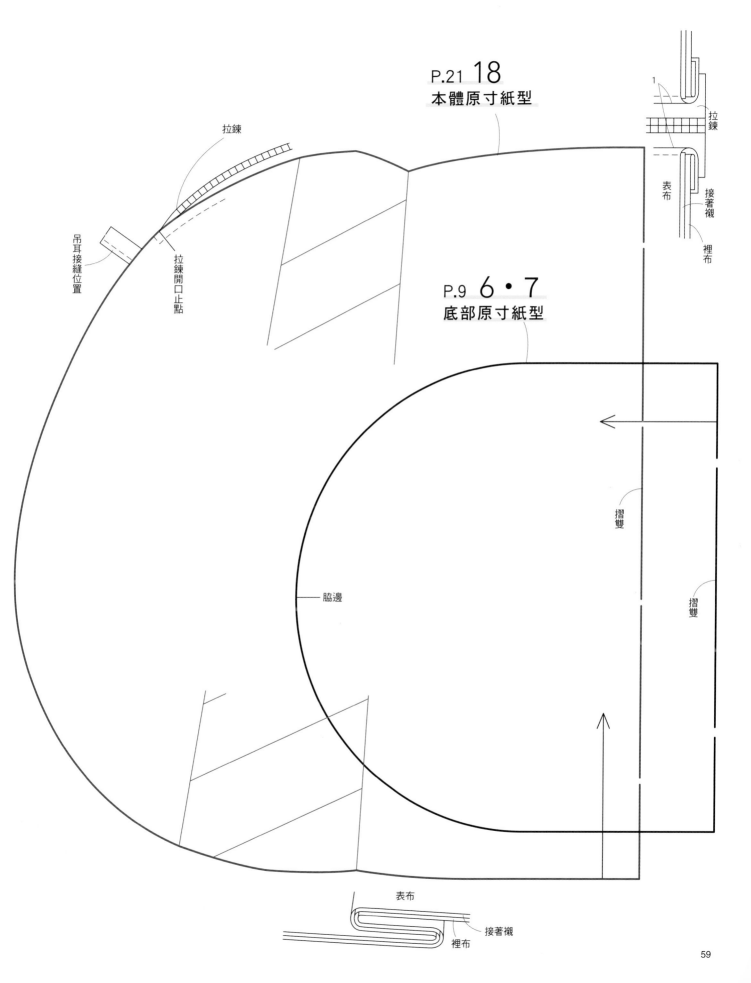

拉鍊

P.21 18
本體原寸紙型

P.9 6・7
底部原寸紙型

吊耳接縫位置

拉鍊開口止點

脇邊

摺雙

摺雙

1

拉鍊

表布

接著襯

裡布

表布

接著襯

裡布

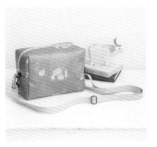

製圖

材料

表布（防水加工・圖案）寬80cm 30cm
裡布（棉・直條紋）寬60cm 55cm
拉鍊 40cm（調整至36cm）1條
D型環（內徑15mm）2個
肩背帶（INAZUMA／YAT-1420#3 象牙色）1條
※調整拉鍊長度作法參見P.50。

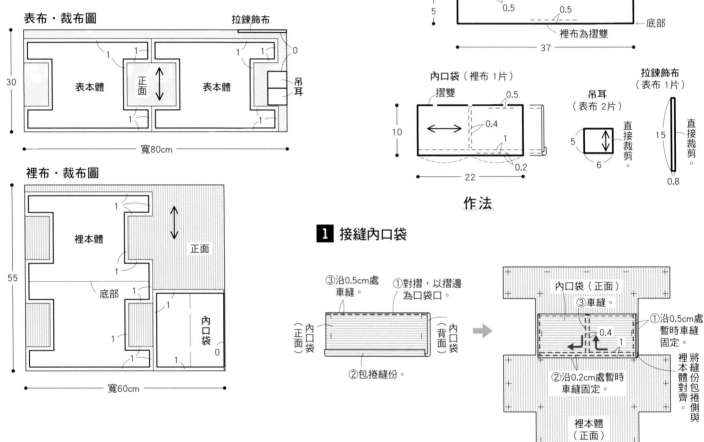

本體
（表布 2片）
（裡布 1片）
拉鍊
0.5　0.5
4.5
7.5　　0.5　0.2　7.5
15
內口袋
接縫位置
7.5　　　　　　7.5
5
0.5　0.5
底部
裡布為摺雙
37

表布
拉鍊
裡布
表布
1

內口袋（裡布 1片）
摺雙　　0.5
10　　　0.4
1
22
0.2

吊耳
（表布 2片）
5
6

拉鍊飾布
（表布 1片）
15
0.8
直接裁剪。
直接裁剪。

表布・裁布圖

拉鍊飾布
1　1　1　1　0
表本體
正面
表本體
吊耳
1　1
30
寬80cm

裡布・裁布圖

1
裡本體
正面
1
底部
1
內口袋
1　1　1　0
55
寬60cm

作法

1　接縫內口袋

③沿0.5cm處車縫。
①對摺，以摺邊為口袋口。
內口袋（正面）
內口袋（背面）
②包捲縫份。

內口袋（正面）
③車縫。
0.4
①沿0.5cm處暫時車縫固定。
②沿0.2cm處暫時車縫固定。
1
裡本體（正面）
將縫份包捲側與裡本體對齊。

2　車縫裡本體

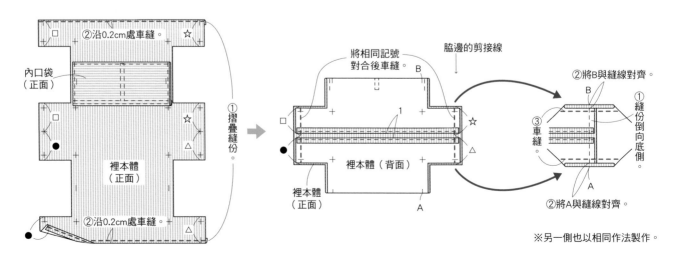

②沿0.2cm處車縫。
內口袋（正面）
裡本體（正面）
①摺疊縫份。
②沿0.2cm處車縫。

將相同記號對合後車縫。
B
脇邊的剪接線
1
裡本體（背面）
裡本體（正面）
A

②將B與縫線對齊。
B
①縫份倒向底側。
③車縫。
A
②將A與縫線對齊。

※另一側也以相同作法製作。

3 接縫拉鍊

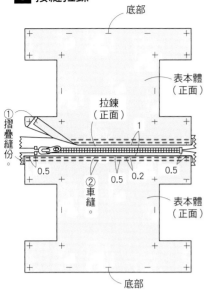

底部
表本體（正面）
拉鍊（正面）
①摺疊縫份。
0.5　0.5　0.2　0.5
②車縫。
表本體（正面）
底部

4 車縫吊耳

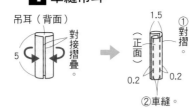

吊耳（背面）
對接摺疊。
5
1.5
①對摺
正面
0.2　0.2
②車縫。

車縫皮革或防水布的注意事項

※若以珠針固定會留下針孔，因此以疏縫固定夾或雙面膠（約2mm窄幅款）固定吧！

※皮革＆防水布滑順度較差，請以鐵氟龍壓布腳進行車縫。

※車縫皮革時，建議換成皮布用車針（14號）。

5 車縫表本體底線

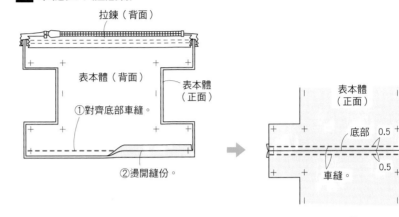

拉鍊（背面）
表本體（背面）
表本體（正面）
①對齊底部車縫。
②燙開縫份。

表本體（正面）
底部　0.5
0.5
車縫。

D型環
②暫時車縫固定。
0.5　0.5
對齊吊耳中央＆縫線。
①吊耳穿入D型環，對摺。
吊耳（正面）
表本體（正面）

6 車縫表本體剪接線＆側身

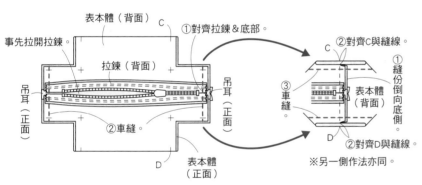

表本體（背面）
C
事先拉開拉鍊。
拉鍊（背面）
吊耳（正面）
①對齊拉鍊＆底部。
②車縫。
表本體（正面）
D

②對齊C與縫線。
C
吊耳（正面）
③車縫。
①縫份倒向底側。
表本體（背面）
D
②對齊D與縫線。
※另一側作法亦同。

7 接縫裡本體

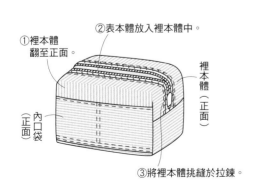

①裡本體翻至正面。
②表本體放入裡本體中。
裡本體（正面）
內口袋（正面）
③將裡本體挑縫於拉鍊。

8 完成

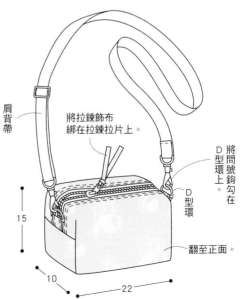

肩背帶
將拉鍊飾布綁在拉鍊拉片上。
D型環
將問號鉤鉤勾在D型環上。
15
翻至正面。
10
22

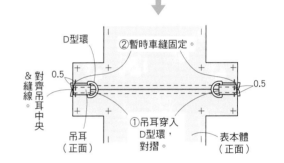

材料

表布（11號帆布・素色）寬60cm 40cm

配布（11號帆布・素色）寬25cm 20cm

裡布（棉・格紋）寬65cm 35cm

紙襯（中厚） 寬24cm 12cm

壓克力織帶 寬15mm 150cm

按釦（直徑8mm）2組

D型環（內徑15mm）2個

日型環（內徑15mm）1個

問號鉤（內徑15mm）2個

皮提把（30cm INAZUMA／YAH-30#540 咖啡色）1組

灰線（鈕釦縫線）

製圖

※本體原寸紙型參見P.64。

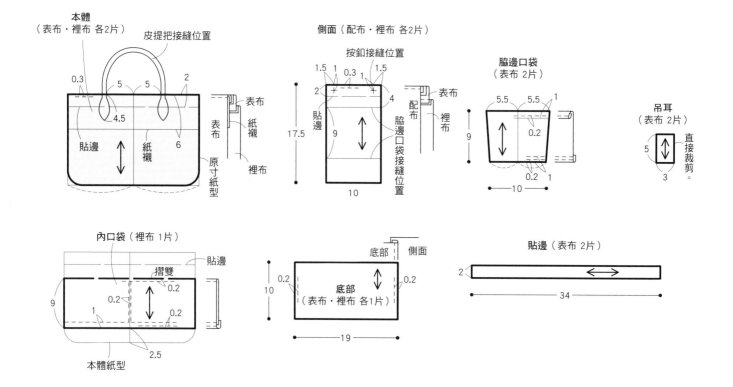

本體
（表布・裡布 各2片）　皮提把接縫位置

側面（配布・裡布 各2片）

脇邊口袋
（表布 2片）

吊耳
（表布 2片）

內口袋（裡布 1片）

底部（表布・裡布 各1片）

貼邊（表布 2片）

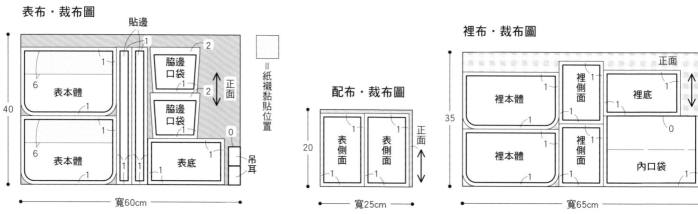

表布・裁布圖

配布・裁布圖

裡布・裁布圖

作法

※依裁布圖，在指定位置燙貼紙襯後，再開始縫製。

1 接縫裡側面＆裡底

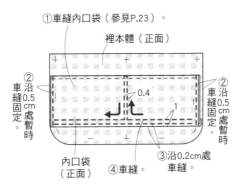

①車縫。
②縫份倒向底側。
③沿0.2cm處車縫。
裡底（正面）
裡側面（背面）
裡側面（正面）

2 接縫內口袋

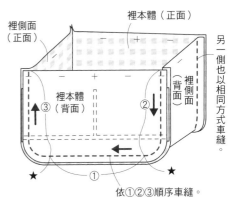

①車縫內口袋（參見P.23）。
裡本體（正面）
②車縫固定暫時
②沿0.5cm處暫時車縫
0.4
②車縫固定暫時
1
③沿0.2cm處車縫
內口袋（正面）
④車縫。

3 縫合裡本體與 **1**

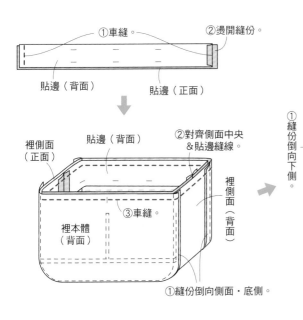

裡本體（正面）
裡側面（正面）
裡側面（背面）
另一側也以相同方式車縫。
裡本體（背面）
②
③
①
依①②③順序車縫。
★　★

4 接縫貼邊

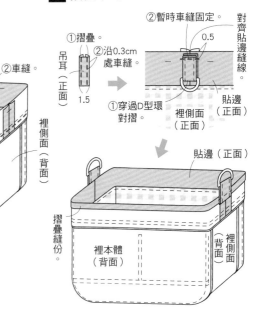

①車縫。
②燙開縫份。
貼邊（背面）
貼邊（正面）

裡側面（正面）
貼邊（背面）
②對齊側面中央＆貼邊縫線。
裡側面（背面）
③車縫。
裡本體（背面）
①縫份倒向側面・底側。

貼邊（正面）
②車縫
0.2
①縫份倒向下側。
裡本體（背面）
裡側面（背面）

5 接縫吊耳

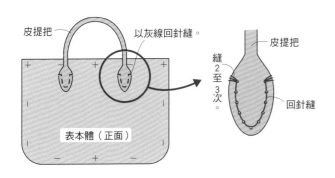

①摺疊。
吊耳（正面）
②沿0.3cm處車縫
1.5
①穿過D型環對摺。
②暫時車縫固定
對齊貼邊縫線
0.5
裡側面（正面）
貼邊（正面）

貼邊（正面）
摺疊縫份。
裡本體（背面）
裡側面（背面）

6 接縫皮提把

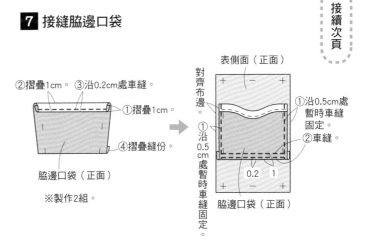

皮提把
以灰線回針縫。
縫2至3次。
皮提把
回針縫
表本體（正面）

7 接縫脇邊口袋

②摺疊1cm。
③沿0.2cm處車縫。
①摺疊1cm。
④摺疊縫份。
脇邊口袋（正面）
※製作2組。

表側面（正面）
對齊布邊。
①沿0.5cm處暫時車縫固定。
②車縫。
①沿0.5cm處暫時車縫固定。
0.2　1
脇邊口袋（正面）

接續次頁

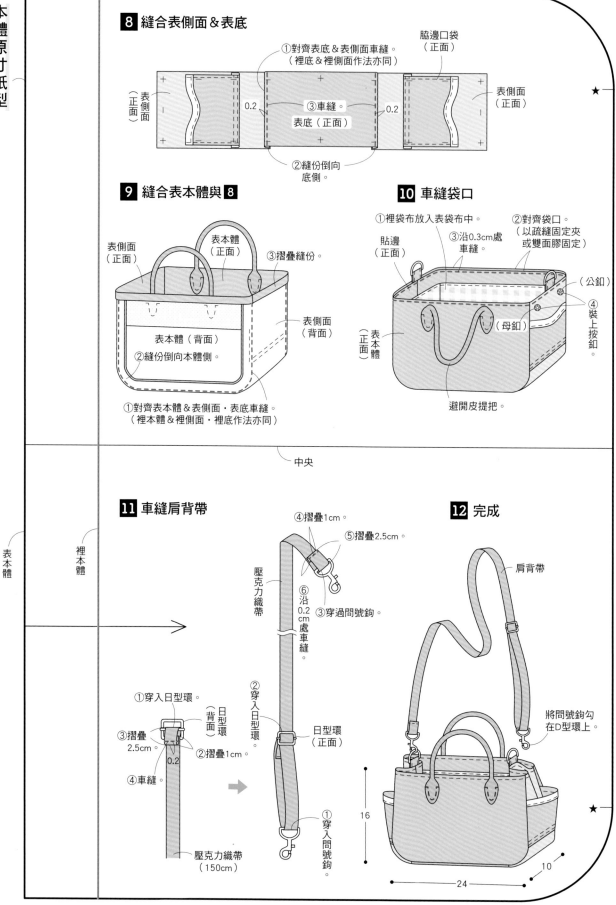

8 縫合表側面＆表底

①對齊表底＆表側面車縫。
（裡底＆裡側面作法亦同）

脇邊口袋
（正面）

表側面
（正面）

表側面
（正面）

0.2

③車縫。

0.2

表底（正面）

②縫份倒向
底側。

9 縫合表本體與 8

表側面
（正面）

表本體
（正面）

③摺疊縫份。

表側面
（背面）

表本體
（背面）

②縫份倒向本體側。

表側面
（背面）

①對齊表本體＆表側面．表底車縫。
（裡本體＆裡側面．裡底作法亦同）

10 車縫袋口

①裡袋布放入表袋布中。

②對齊袋口。
（以疏縫固定夾
或雙面膠固定）

貼邊
（正面）

③沿0.3cm處
車縫。

（公釦）

④裝上按釦。

表本體
（正面）

（母釦）

避開皮提把。

中央

表本體

裡本體

11 車縫肩背帶

④摺疊1cm。

⑤摺疊2.5cm。

壓克力織帶

⑥沿0.2cm處車縫。

③穿過問號鉤。

①穿入日型環。

日型環
（背面）

③摺疊
2.5cm。

0.2

②摺疊1cm。

④車縫

②穿入日型環。

日型環
（正面）

①穿入問號鉤。

壓克力織帶
（150cm）

12 完成

肩背帶

將問號鉤勾
在D型環上。

16

24

10

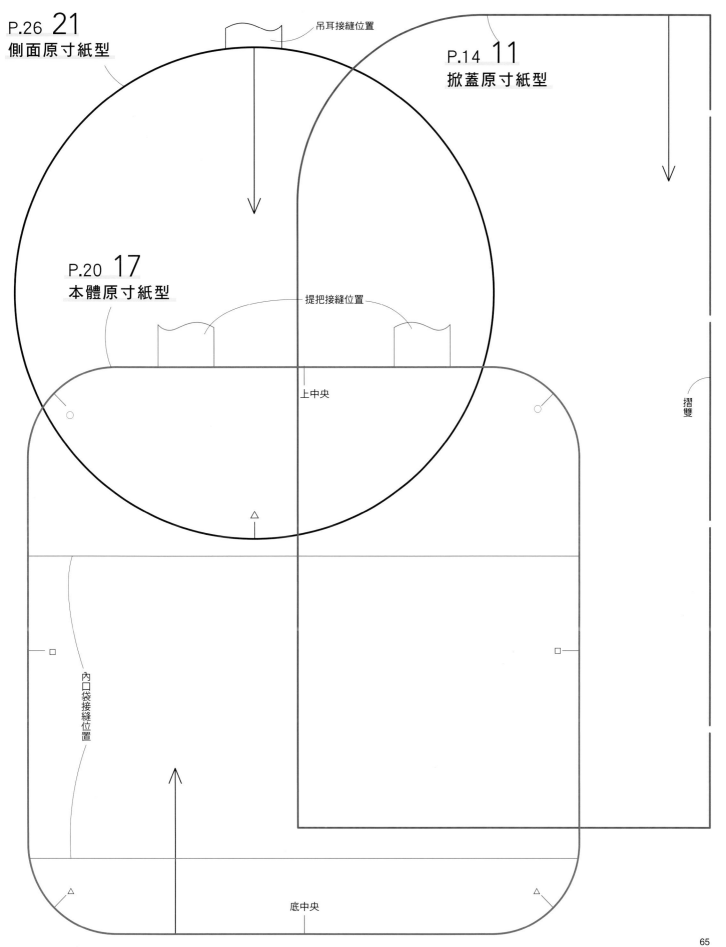

材料

A布（棉・圖案）寬35cm 30cm
B布（棉・素色）寬25cm 20cm
裡布（棉・圓點）寬55cm 20cm
接著襯（薄）寬35cm 40cm
拉鍊 18cm 1條
蠟繩（粗5mm）140cm
布標（寬1.4cm 8cm）1片

製圖

※表本體的原寸紙型參見P.66，
　裡本體的原寸紙型參見P.67。

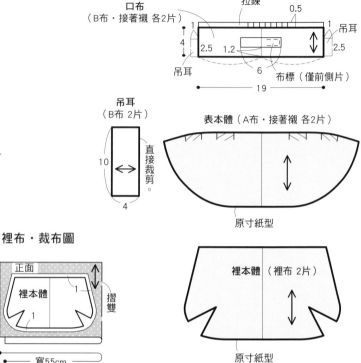

口布
（B布・接著襯 各2片）　拉鍊　0.5
吊耳
4　2.5　1.2　1
吊耳　6　布標（僅前側片）
19

吊耳
（B布 2片）
10
4
直接裁剪。

表本體（A布・接著襯 各2片）
原寸紙型

裡本體（裡布 2片）
原寸紙型

A布・裁布圖

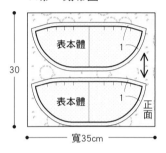

30　表本體　1　表本體　1　正面
寬35cm

B布・裁布圖

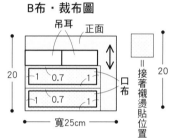

吊耳　正面
20　1　0.7　1　1　0.7　1　口布
寬25cm

＝接著襯燙貼位置

裡布・裁布圖

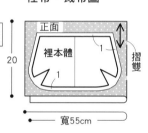

正面　裡本體　1　摺雙
20　1
寬55cm

表本體原寸紙型

作法　※依裁布圖，在指定位置燙貼接著襯後，
　　　再開始縫製。

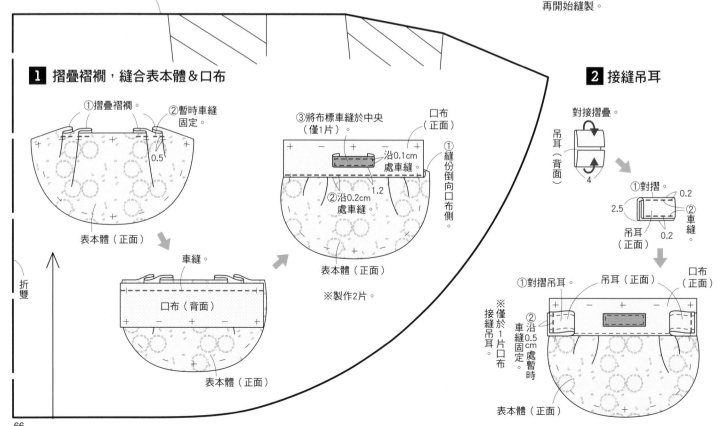

1 摺疊褶襉，縫合表本體＆口布

①摺疊褶襉。　②暫時車縫固定。
0.5
表本體（正面）

車縫。
口布（背面）
表本體（正面）

③將布標車縫於中央（僅1片）。　口布（正面）
沿0.1cm處車縫。
②沿0.2cm處車縫。　1.2
①縫份倒向口布側。
表本體（正面）
※製作2片。

折雙

2 接縫吊耳

對接摺疊。
吊耳（背面）
4

①對摺。　0.2
2.5　②車縫
吊耳（正面）　0.2

①對摺吊耳。　吊耳（正面）　口布（正面）
②沿0.5cm處暫時車縫固定。
※僅於1片口布接縫吊耳。
表本體（正面）

3 接縫拉鍊

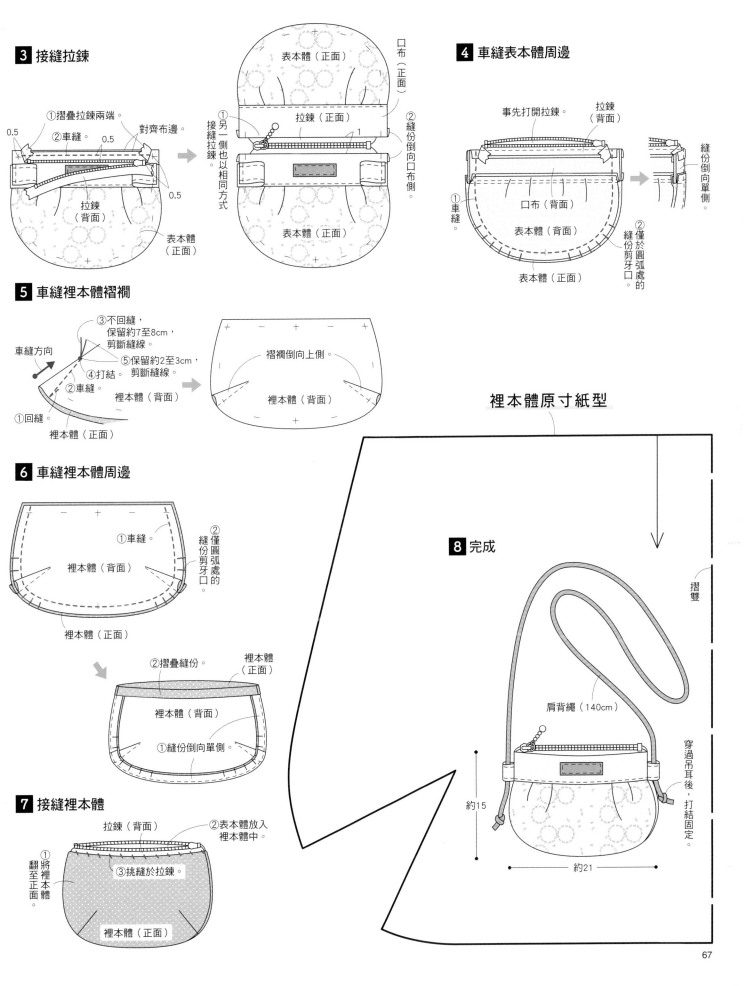

①摺疊拉鍊兩端。
②車縫。
對齊布邊。
0.5   0.5
0.5
拉鍊（背面）
表本體（正面）

①另一側也以相同方式接縫拉鍊。

口布（正面）
表本體（正面）
拉鍊（正面）
②縫份倒向口布側。
1
表本體（正面）

4 車縫表本體周邊

事先打開拉鍊。
拉鍊（背面）
①車縫。
口布（背面）
表本體（背面）
②僅於圓弧處的縫份剪牙口。
表本體（正面）
縫份倒向單側。

5 車縫裡本體褶襉

車縫方向
③不回縫，保留約7至8cm，剪斷縫線。
⑤保留約2至3cm，剪斷縫線。
④打結。
②車縫。
裡本體（背面）
①回縫。
裡本體（正面）

褶襉倒向上側。
裡本體（背面）

裡本體原寸紙型

6 車縫裡本體周邊

①車縫。
②僅圓弧處的縫份剪牙口。
裡本體（背面）
裡本體（正面）

②摺疊縫份。
裡本體（正面）
裡本體（背面）
①縫份倒向單側。

7 接縫裡本體

拉鍊（背面）
②表本體放入裡本體中。
①將裡本體翻至正面。
③挑縫於拉鍊。
裡本體（正面）

摺雙

8 完成

肩背繩（140cm）
約15
約21
穿過吊耳後，打結固定。

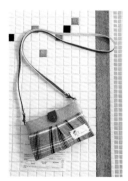

製圖

※表本體的原寸紙型參見P.69

材料

A布（棉・格紋）寬30cm 25cm
B布（棉・素色）寬25cm 25cm
裡布（棉・圓點）寬25cm 25cm
單膠鋪棉（薄）寬45cm 20cm
羅紋織帶 寬1cm 8cm
D型環（內徑10mm）2個
肩背帶（INAZUMA／YAT-2612#302紅色／IV）1條
票卡夾釦絆組（INAZUMA／BA-5A#2紅色）1組
布標（寬2.8cm 7.5cm）1片
紅線（鈕釦縫線）

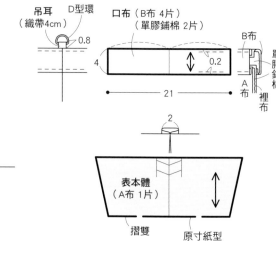

A布・裁布圖

25
表本體
正面
1
1
寬30cm

B布・裁布圖

（正面・↕）
25
1　1
裡口布
1
表口布
1
1
寬25cm

裡布・裁布圖

25
裡本體
1
1
（正面・↕）
寬25cm

▨ ＝接著襯燙貼位置

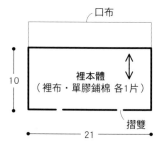

口布
裡本體
（裡布・單膠鋪棉 各1片）
10
摺雙
21

作法

※依裁布圖，在指定位置燙貼
單膠鋪棉後，再開始縫製。

1 摺疊摺襉

①摺疊摺襉。
0.5
②暫時車縫固定。
0.5
表本體（正面）

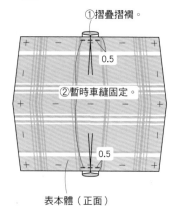

2 接縫口布

車縫。
表口布（背面）
表本體（正面）

※裡口布＆裡本體
也以相同方式車縫。

表口布（正面）
0.2
②車縫。
表本體（正面）
0.2
表口布（正面）

裡口布（正面）
0.2
①縫份倒向口布側。
裡本體（正面）
②車縫。
裡口布（正面）
0.2

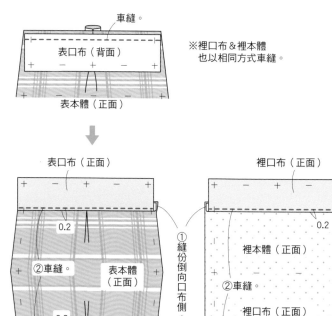

3 車縫脇邊

表口布（背面）　表口布（正面）
②車縫。
表本體（背面）
①於底部對摺。

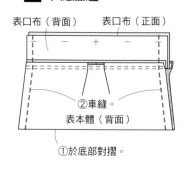

裡口布（背面）　裡口布（正面）
0.2
返口（約6cm）
不車縫。
裡本體（正面）
②車縫。
裡本體（背面）
①於底部對摺。

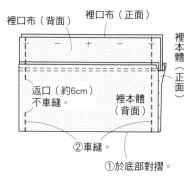

表本體原寸紙型
（23・24共通）

4 接縫吊耳

另一側也以相同方式
接縫織帶。

①燙開縫份。

④暫時車縫固定。

表口布
（正面）

吊耳
（織帶4cm）

0.5

③羅紋織帶穿入D型環，
對摺。

D型環

②翻至正面。

表本體（正面）

5 車縫袋口

①表本體放入
裡本體中。

②車縫。

表口布
（背面）

裡口布
（背面）

③自返口翻至正面。

裡本體（背面）

6 接縫固定釦絆組件＆布標

縫上釦絆組

①沿0.2cm處車縫。

③以紅線回針縫。

0.5

表口布（正面）

②以藏針縫
縫合裡本體
返口。

5.5

1.5

摺疊。

布標

1.7

1

④以紅線
止縫固定。

後側

釦絆

表口布
（正面）

以紅線
回針縫。

0.8

表本體
（正面）

中央

底部摺雙

7 完成

肩背帶

14

21

將問號鉤勾在
D型環上。

製圖　　　※表本體的原寸紙型參見P.69。

材料

A布（混金蔥棉布・直條紋）寬55cm 25cm
B布（聚酯纖維緞面布・素色）寬25cm 25cm
單膠鋪棉（薄）寬45cm 20cm
紗質蕾絲 寬4.8cm 50cm
鈕釦（直徑2.2cm）1個
棉質蕾絲 寬1cm 8cm
D型環（內徑10mm）2個
蠟繩（粗2mm）10cm
附問號鉤背鍊（INAZUMA／BK-120S 銀色）1條

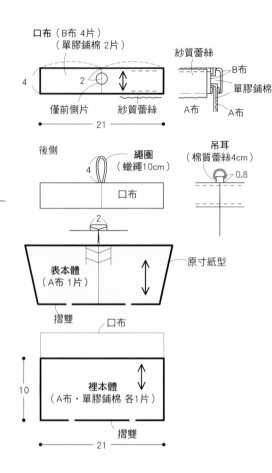

口布（B布 4片）
（單膠鋪棉 2片）
僅前側片　紗質蕾絲
4　2　21

紗質蕾絲
B布
單膠鋪棉
A布

後側　繩圈（蠟繩10cm）
4　口布
2

吊耳（棉質蕾絲4cm）
0.8

表本體（A布 1片）
原寸紙型
摺雙　口布

裡本體（A布・單膠鋪棉 各1片）
10　摺雙　21

A布・裁布圖

正面
25
表本體　裡本體
1　1
寬55cm

B布・裁布圖

（正面・↕）
裡口布
1　1
25　表口布
1　1
寬25cm

＝接著襯燙貼位置

作法

※依裁布圖，在指定位置燙貼單膠鋪棉後，再開始縫製。

1 摺疊褶襇　　**2** 接縫口布（參見P.68 **1**・**2**）

3 接縫紗質蕾絲

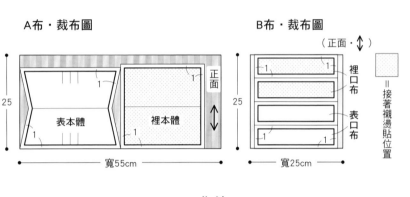

①車縫。　②暫時車縫固定。
0.2　0.5
0.5　　　　　　　　0.5
疊上紗質蕾絲。　表本體（正面）

※另一側也以相同作法製作。

4 車縫脇邊（參見P.68 **3**）

5 接縫吊耳・繩圈

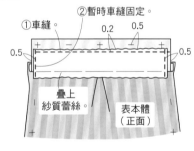

另一側也以相同方式接縫織帶
前側
①燙開縫份。
④暫時車縫固定。
表口布（正面）
吊耳（棉質蕾絲4cm）
0.5
③將棉質蕾絲穿入D型環，對摺。
②翻至正面。
表本體（正面）

暫時車縫固定。
後側
0.5
繩圈（蠟繩10cm）

6 車縫袋口（參見P.69 **5**）

7 完成

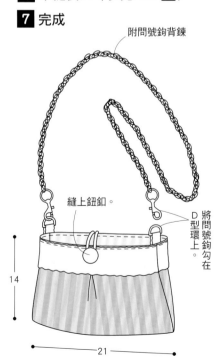

附問號鉤背鍊
縫上鈕釦。
將問號鉤勾在D型環上。
14
21

材料

A布（棉・素色）寬30cm 60cm
B布（棉・花朵圖案）寬35cm 35cm
C布（棉・直條紋）寬45cm 60cm
人字織帶（紅色・水藍色）各寬2cm 63cm
D型環（內徑10mm）2個
肩背帶（INAZUMA／YAT-1420#3 象牙色）1條

製圖

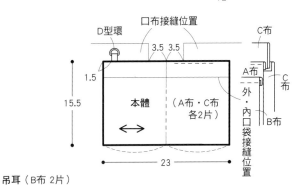

口布（C布 4片）
褶雙
2.5
0.6 0.6
12

D型環
口布接縫位置
3.5 3.5
1.5
15.5
本體
（A布・C布各2片）
23
C布
A布
C布
外・內口袋接縫位置
B布

吊耳（B布 2片）
5
4
直接裁剪。

外口袋（B布 1片）
內口袋（B布 1片）
12
0.8
2 2
27

（A布・C布 各1片）
口布接縫位置
口布接縫位置
8
0.2
側身
底部
側身
0.2
15.5
23
15.5
口布接縫位置

A布・裁布圖

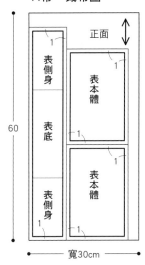

正面
表側身 1
表本體 1
60
表底 1
表本體 1
表側身 1
1
寬30cm

B布・裁布圖

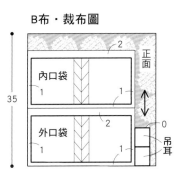

正面
2
內口袋 1 1
35
外口袋 2 1 1
0
吊耳
寬35cm

C布・裁布圖

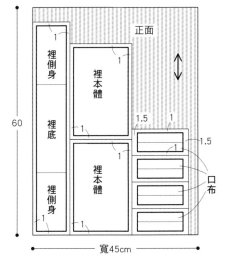

正面
裡側身 1
裡本體 1
60
裡底 1
1.5 1
裡本體 1
1.5
1
裡側身 1 1
口布
寬45cm

作法

1 接縫外口袋・內口袋

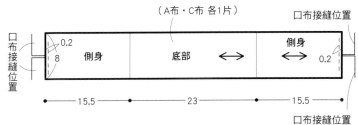

②摺疊1cm。 ①摺疊1cm。
③沿0.2cm處車縫。
外口袋（背面）

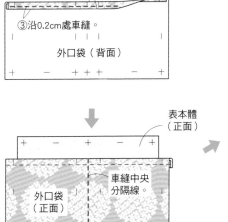

表本體（正面）
外口袋（正面）
車縫中央分隔線。

表本體（正面）
①摺疊中央褶襉。
1 1
外口袋（正面）
②沿0.5cm處暫時車縫固定。

※內口袋也以相同方式車縫，並接縫於裡本體。

接續次頁

2 將側身‧底部接縫於本體

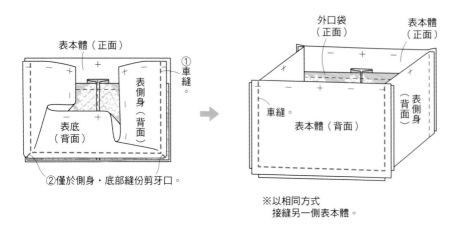

表本體（正面）

表側身（背面）

①車縫。

表底（背面）

②僅於側身‧底部縫份剪牙口。

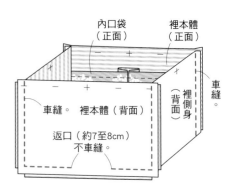

外口袋（正面）

表本體（正面）

車縫。

表側身（背面）

表本體（背面）

※以相同方式
接縫另一側表本體。

內口袋（正面）

裡本體（正面）

車縫。

裡側身（背面）

車縫。　裡本體（背面）

返口（約7至8cm）
不車縫。

3 接縫吊耳

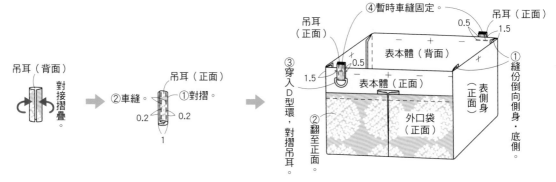

吊耳（背面）

對接摺疊。

②車縫。　吊耳（正面）

①對摺。

0.2　0.2

1

③穿入D型環，對摺吊耳。

④暫時車縫固定。

吊耳（正面）

0.5　1.5

吊耳（正面）

0.5

表本體（背面）

1.5

表本體（正面）

①縫份倒向側身‧底側。

表側身（正面）

②翻至正面。

外口袋（正面）

4 接縫口布

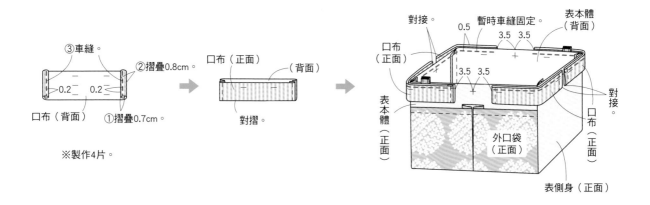

③車縫。

②摺疊0.8cm。

0.2　0.2

口布（背面）

①摺疊0.7cm。

※製作4片。

口布（正面）

（背面）

對摺。

對接。

0.5

暫時車縫固定。

3.5　3.5

表本體（背面）

口布（正面）

表本體（正面）

3.5　3.5

外口袋（正面）

對接。

口布（正面）

表側身（正面）

5 車縫袋口

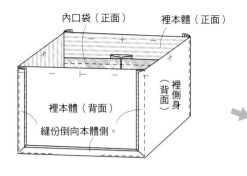

內口袋（正面）　裡本體（正面）

裡本體（背面）

縫份倒向本體側。

裡側身（背面）

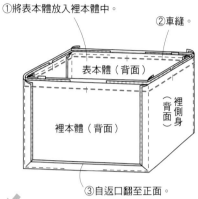

①將表本體放入裡本體中。　②車縫。

表本體（背面）

裡本體（背面）

裡側身（背面）

③自返口翻至正面。

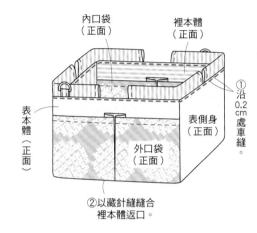

內口袋（正面）　裡本體（正面）

表本體（正面）　表側身（正面）

外口袋（正面）

①沿0.2cm處車縫。

②以藏針縫縫合裡本體返口。

6 穿入提把（人字織帶）

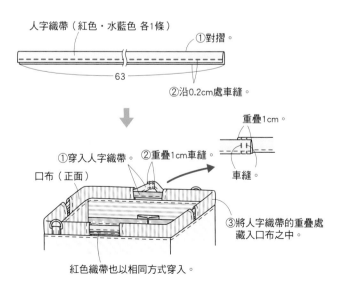

人字織帶（紅色・水藍色 各1條）

①對摺。

63

②沿0.2cm處車縫。

重疊1cm。

①穿入人字織帶。　②重疊1cm車縫。

口布（正面）

車縫。

③將人字織帶的重疊處藏入口布之中。

紅色織帶也以相同方式穿入。

7 完成

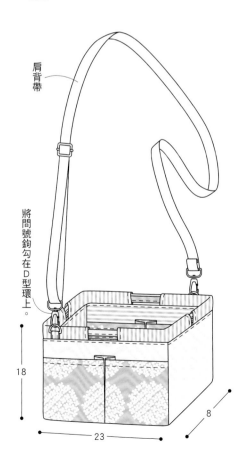

肩背帶

將問號鉤勾在D型環上。

18

23

8

材料

表布（棉・圓點）寬80cm 30cm
裡布（棉・素色）寬80cm 30cm
單膠鋪棉（薄）寬80cm 30cm
板目紙（厚硬紙板）10cm×20cm
口金（INAZUMA／BK-1874）1個
肩背帶
　（INAZUMA／BS-1202S#0 米色）1條

口金的大小

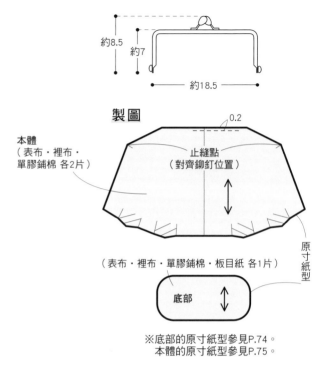

約8.5
約7
約18.5

製圖

本體
（表布・裡布・
單膠鋪棉 各2片）

止縫點
（對齊鉚釘位置）

0.2

原寸紙型

（表布・裡布・單膠鋪棉・板目紙 各1片）

底部

※底部的原寸紙型參見P.74。
　本體的原寸紙型參見P.75。

表布＆裡布・裁布圖

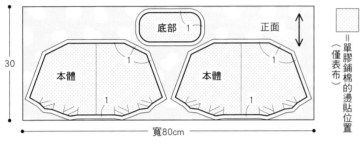

底部 1
正面
本體　1
本體　1
1　　　1

30
寬80cm

＝單膠鋪棉的燙貼位置（僅表布）

※依裁布圖，在指定位置燙貼單膠鋪棉後，再開始縫製。

作法

1 摺疊褶襉

表本體（正面）
②暫時車縫固定。
①摺疊褶襉。
0.5

※裡本體作法亦同。

2 車縫脇邊

①車縫。
車縫至記號為止。
表本體（背面）
②燙開縫份。
表本體（正面）

※裡本體作法亦同。

底部原寸紙型

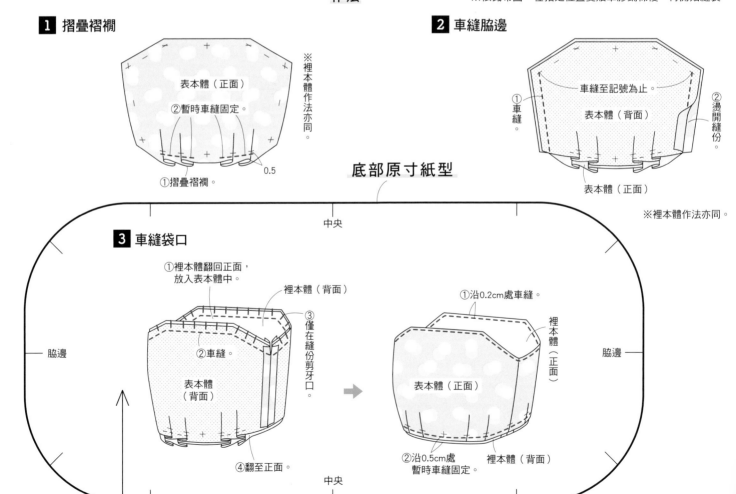

中央

3 車縫袋口

①裡本體翻回正面，放入表本體中。
裡本體（背面）
②車縫。
③僅在縫份剪牙口。
表本體（背面）
④翻至正面。

①沿0.2cm處車縫。
裡本體（正面）
表本體（正面）
②沿0.5cm處暫時車縫固定。
裡本體（背面）

脇邊
中央
脇邊

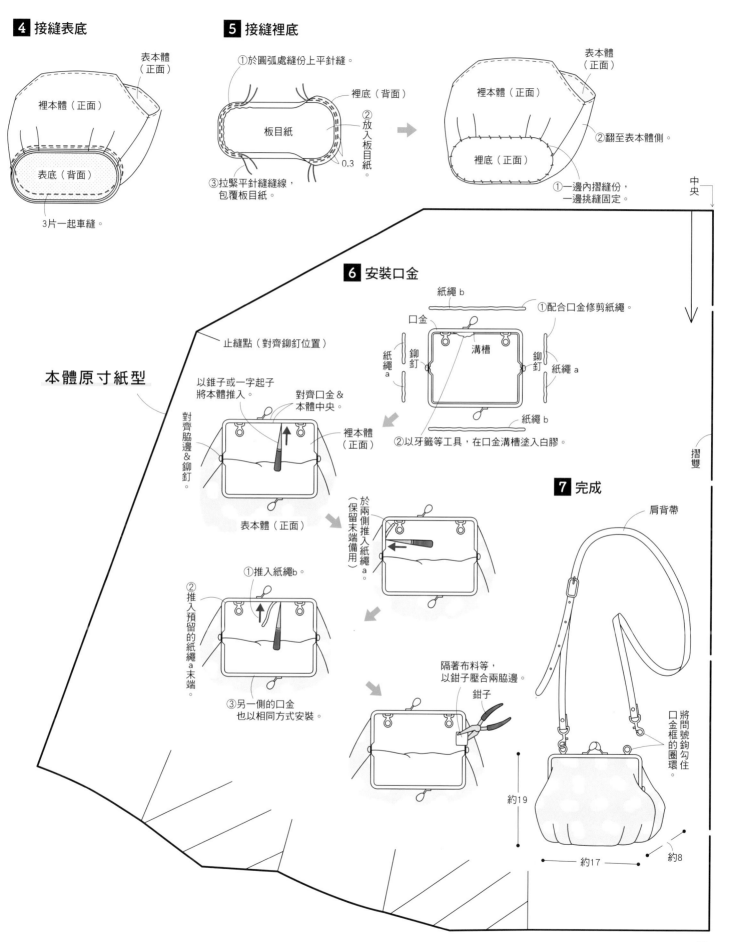

4 接縫表底

裡本體（正面）

表底（背面）

表本體（正面）

3片一起車縫。

5 接縫裡底

①於圓弧處縫份上平針縫。

板目紙

裡底（背面）

②放入板目紙。

0.3

③拉緊平針縫縫線，包覆板目紙。

裡本體（正面）

表本體（正面）

②翻至表本體側。

裡底（正面）

①一邊內摺縫份，一邊挑縫固定。

中央

摺雙

本體原寸紙型

止縫點（對齊鉚釘位置）

對齊脇邊＆鉚釘。

以錐子或一字起子將本體推入。

對齊口金＆本體中央。

裡本體（正面）

表本體（正面）

6 安裝口金

紙繩b

口金

紙繩a

鉚釘

溝槽

鉚釘

紙繩a

紙繩b

①配合口金修剪紙繩。

②以牙籤等工具，在口金溝槽塗入白膠。

於兩側推入紙繩a。（保留末端備用）

①推入紙繩b。

②推入預留的紙繩a末端。

③另一側的口金也以相同方式安裝。

7 完成

肩背帶

隔著布料等，以鉗子壓合兩脇邊。

鉗子

約19

約17

約8

將問號鉤勾住口金框的圈環。

75

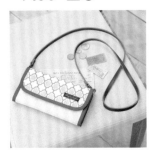

材料

A布（棉・圖案）寬45cm 30cm
B布（棉・圓點）寬90cm 45cm
裡布（棉・素色）寬25cm 35cm
接著襯（厚）寬65cm 35cm
接著襯 寬90cm 55cm
拉鍊 16cm 1條

滾邊用斜布條 寬1.1cm 100cm
D型環（內徑10mm）2個
按鈕（12mm）1組
肩背帶（INAZUMA／YAS-1012#870焦茶色）1條
布標（寬1.2cm 6.5cm）1片

製圖

※表本體A原寸紙型參見P.80。

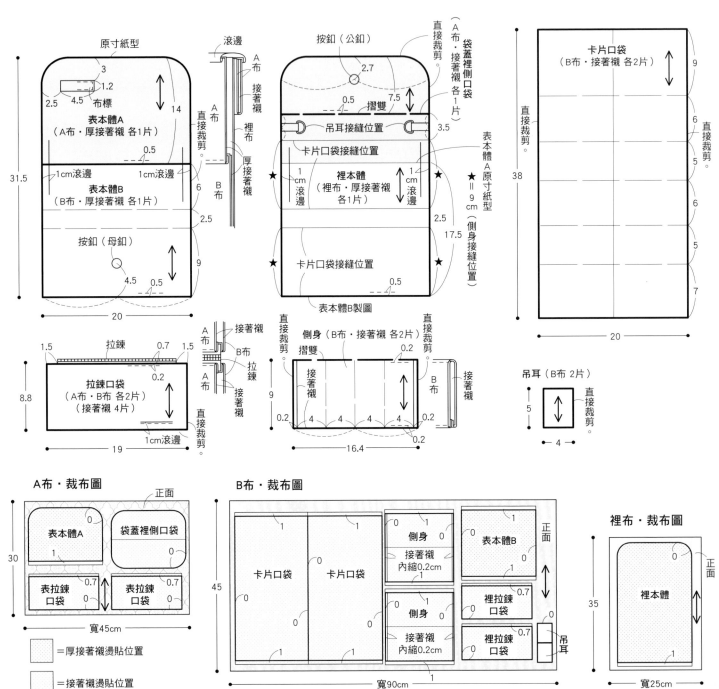

=厚接著襯燙貼位置

=接著襯燙貼位置

作法

※依裁布圖，在指定位置燙貼接著襯&厚接著襯後，再開始縫製。

1 接縫表本體A・B

車縫。

表本體A（背面）

表本體B（正面）

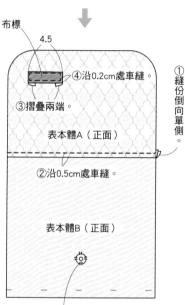

布標
4.5
④沿0.2cm處車縫。
③摺疊兩端。
①縫份倒向單側。
表本體A（正面）
②沿0.5cm處車縫。
表本體B（正面）
⑤縫上按釦（母釦）。

4 車縫卡片口袋

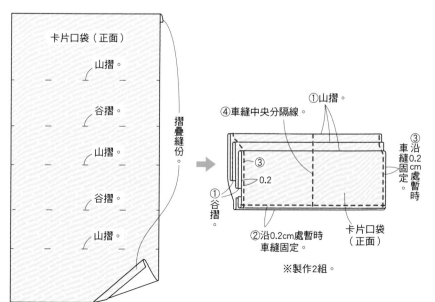

卡片口袋（正面）
山摺。
谷摺。
山摺。
谷摺。
山摺。
摺疊縫份。

④車縫中央分隔線。
①山摺。
③沿0.2cm處暫時車縫固定。
③
0.2
①谷摺。
②沿0.2cm處暫時車縫固定。
卡片口袋（正面）
※製作2組。

2 車縫袋蓋裡側口袋

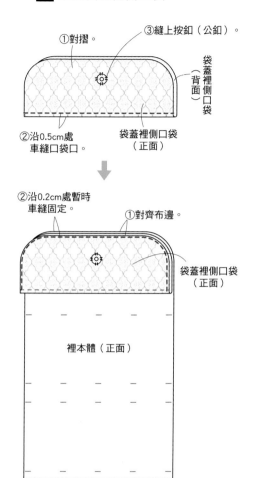

①對摺。
③縫上按釦（公釦）。
袋蓋裡側口袋（背面）
②沿0.5cm處車縫口袋口。
袋蓋裡側口袋（正面）

②沿0.2cm處暫時車縫固定。
①對齊布邊。
袋蓋裡側口袋（正面）
裡本體（正面）

3 縫合表本體A・B與裡本體

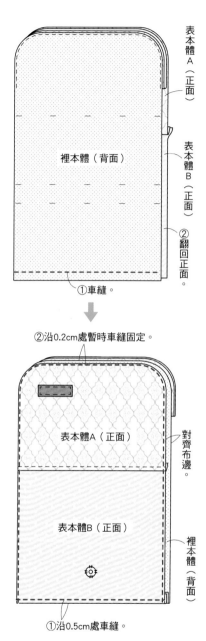

表本體A（正面）
表本體B（正面）
②翻回正面。
裡本體（背面）
①車縫。

②沿0.2cm處暫時車縫固定。

表本體A（正面）
對齊布邊。
表本體B（正面）
裡本體（背面）
①沿0.5cm處車縫。

5 車縫吊耳

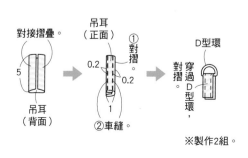

對接摺疊
吊耳（正面）
①對摺。
5
0.2
0.2
1
②車縫。
吊耳（背面）
D型環
對摺穿過D型環，
※製作2組。

6 接縫吊耳・卡片口袋

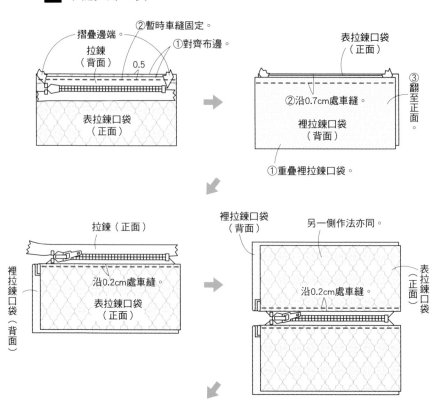

表本體A（背面）

袋蓋裡側口袋（正面）

吊耳（正面）

暫時車縫固定。

裡本體（正面）

卡片口袋（正面）

0.5

0.5

暫時車縫固定。

0.5

卡片口袋（正面）

7 車縫拉鍊口袋

摺疊邊端。

②暫時車縫固定。

①對齊布邊。

拉鍊（背面）

0.5

表拉鍊口袋（正面）

②沿0.7cm處車縫。

裡拉鍊口袋（背面）

①重疊裡拉鍊口袋。

表拉鍊口袋（正面）

③翻至正面。

拉鍊（正面）

裡拉鍊口袋（背面）

沿0.2cm處車縫。

表拉鍊口袋（正面）

裡拉鍊口袋（背面）

另一側作法亦同。

沿0.2cm處車縫。

表拉鍊口袋（正面）

拉鍊（正面）

裡拉鍊口袋（正面）

4片一起車縫。

0.2

裡拉鍊口袋（背面）

表拉鍊口袋（正面）

表拉鍊口袋（背面）

表拉鍊口袋（正面）

進行滾邊。

滾邊用斜布條（正面）

8 車縫側身

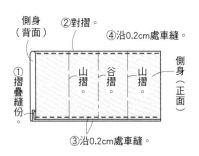

側身（背面）

②對摺。

④沿0.2cm處車縫。

①摺疊縫份。

山摺　谷摺　山摺

側身（正面）

③沿0.2cm處車縫。

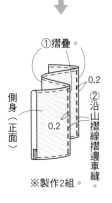

①摺疊。

0.2

側身（正面）

0.2

②沿山摺線摺邊車縫。

※製作2組。

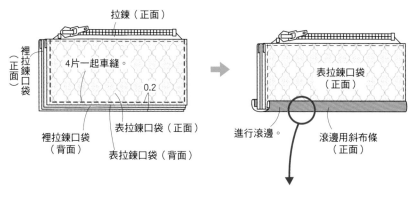

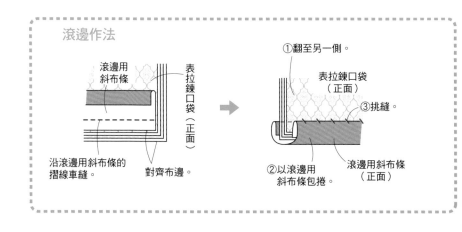

滾邊作法

滾邊用斜布條

表拉鍊口袋（正面）

沿滾邊用斜布條的摺線車縫。

對齊布邊。

①翻至另一側。

表拉鍊口袋（正面）

③挑縫。

②以滾邊用斜布條包捲。

滾邊用斜布條（正面）

9 接縫側身

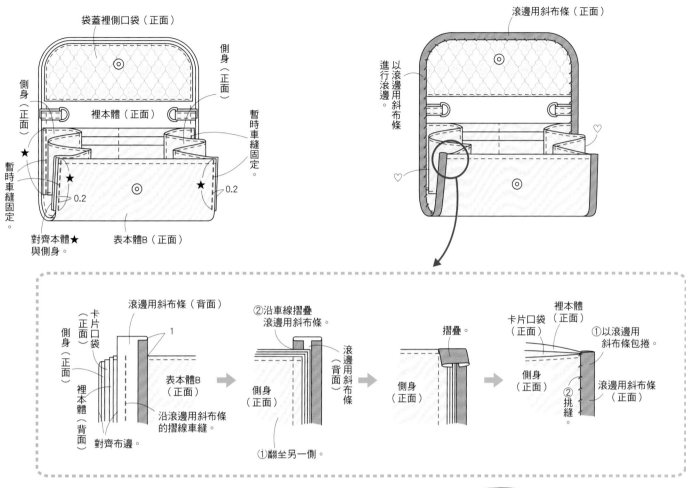

袋蓋裡側口袋（正面）

側身（正面）

側身（正面）

暫時車縫固定。

裡本體（正面）

暫時車縫固定。

對齊本體★與側身。

表本體B（正面）

0.2

0.2

10 在周圍進行滾邊

滾邊用斜布條（正面）

以滾邊用斜布條進行滾邊。

側身（正面）

卡片口袋（正面）

滾邊用斜布條（背面）

裡本體（背面）

對齊布邊。

1

表本體B（正面）

沿滾邊用斜布條的摺線車縫。

②沿車線摺疊滾邊用斜布條。

側身（正面）

滾邊用斜布條（背面）

①翻全另一側。

摺疊。

側身（正面）

卡片口袋（正面）

裡本體（正面）

①以滾邊用斜布條包捲。

側身（正面）

②挑縫。

滾邊用斜布條（正面）

11 接縫拉鍊口袋

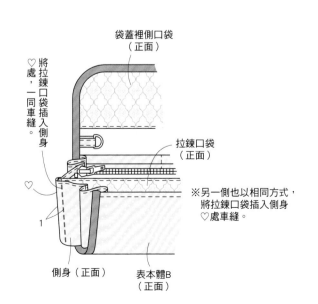

袋蓋裡側口袋（正面）

將拉鍊口袋插入側身♡處，一同車縫。

拉鍊口袋（正面）

1

※另一側也以相同方式，將拉鍊口袋插入側身♡處車縫。

側身（正面）

表本體B（正面）

12 完成

肩背帶

將吊耳拉出外側。

約10.5

將問號鉤勾在D型環上。

20

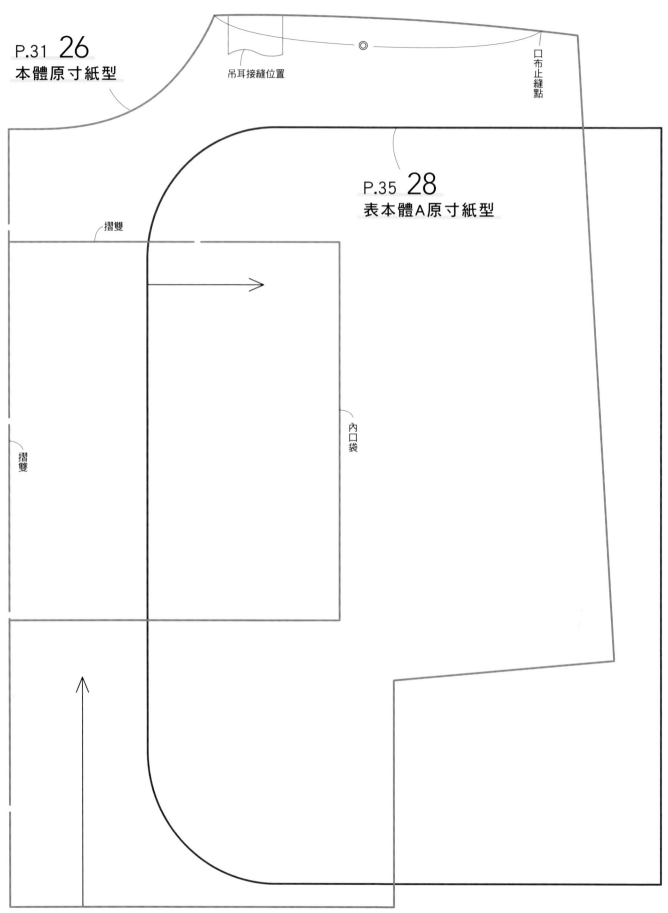

P.31 **26**
本體原寸紙型

吊耳接縫位置

口布止縫點

P.35 **28**
表本體A原寸紙型

摺雙

摺雙

內口袋

【輕·布作】 48

簡單就好！
手作人的輕鬆自在小包包

授　　　　權／BOUTIQUE-SHA
譯　　　　者／周欣芃
發　行　人／詹慶和
執　行　編　輯／陳姿伶
編　　　　輯／蔡毓玲·劉蕙寧·黃璟安
執　行　美　編／韓欣恬
美　術　編　輯／陳麗娜·周盈汝
出　版　者／Elegant-Boutique新手作
發　行　者／悅智文化事業有限公司
郵政劃撥帳號／19452608
戶　　　　名／悅智文化事業有限公司
地　　　　址／220新北市板橋區板新路206號3樓
電　　　　話／(02)8952-4078
傳　　　　真／(02)8952-4084
網　　　　址／www.elegantbooks.com.tw
電　子　信　箱／elegant.books@msa.hinet.net

2021年3月初版一刷 定價320元

Lady Boutique Series No.4597
BENRI DE SUTEKI NA POCHETTE & NANAMEGAKE
BAG
© 2018 BOUTIQUE-SHA, Inc.
All rights reserved.
Original Japanese edition published in Japan by
BOUTIQUE-SHA.
Chinese (in complex character) translation rights arranged
with BOUTIQUE-SHA
through Keio Cultural Enterprise Co., Ltd., New Taipei
City, Taiwan.

經銷／易可數位行銷股份有限公司
地址／新北市新店區寶橋路235巷6弄3號5樓
電話／(02)8911-0825　傳真／(02)8911-0801

國家圖書館出版品預行編目資料

簡單就好！手作人的輕鬆自在小包包／BOUTIQUE-
SHA授權；周欣芃譯.
-- 初版. -- 新北市：Elegant-Boutique新手作出版：悅
智文化事業有限公司, 2021.03
　面；　公分. -- (輕·布作；48)
譯自：便利で素敵なポシェット＆ななめがけbag
ISBN 978-957-9623-66-7(平裝)

1.手提袋 2.手工藝

426.7　　　　　　　　　　　　　110003352

STAFF

編輯：井上真実
　　　石郷美也子
攝影：久保田あかね
書籍設計：牧陽子
描圖：たけうち みわ（trifle-biz）
妝髮：三輪昌子
模特兒：吉岡更紗
作法校對：三城洋子

材料提供

INAZUMA／植村（株） http://www.inazuma.biz/
（株）角田商店　http://www.towanny.com/
（株）デコレクションズ　http://decollections.co.jp/
ヨーロッパ服地のひでき　https://www.rakuten.co.jp/hideki/

設計·製作

猪俣友紀（neige＋）　http://yunyuns.exblog.jp
樋口美根子（higmin）https://minne.com/@higmin
伊藤まゆ子（かばん屋もねちゃん）
　　　　　　http://monechan.blog41.fc2.com
主婦のミシン　　http://d.hatena.ne.jp/syuhunomisin
冨山朋子（popo）　https://www.facebook.com/bag.popozakka
nana（warm*heart）http://sewingbox2011.blog101.fc2.com
*Ajour　　　　　https://minne.com/@ajour
西村明子

Elegantbooks
以閱讀，享受幸福生活

雅書堂

EB 新手作

雅書堂文化事業有限公司
22070新北市板橋區板新路206號3樓
facebook 粉絲團:搜尋 雅書堂
部落格 http://elegantbooks2010.pixnet.net/blog
TEL:886-2-8952-4078 ・ FAX:886-2-8952-4084

輕・布作 06

簡單×好作!
自己作365天都好穿的手作裙
BOUTIQUE-SHA◎著
定價280元

輕・布作 07

自己作防水手作包&布小物
BOUTIQUE-SHA◎著
定價280元

輕・布作 08

不用轉彎!直直車下去就對了!
直線車縫就上手的手作包
BOUTIQUE-SHA◎著
定價280元

輕・布作 09

人氣No.1!
初學者最想作的手作布錢包A+
一次學會短夾、長夾、立體造型、L型、
雙拉鍊、肩背式錢包!
日本Vogue社◎著
定價300元

輕・布作 10

家用縫紉機OK!
自己作不退流行的帆布手作包
(暢銷增訂版)
赤峰清香◎著
定價350元

輕・布作 11

簡單作×開心縫!
手作異想熊裝可愛
異想熊×KIM◎著
定價350元

輕・布作 12

手作市集超夯布作全收錄!
簡單作可愛&實用的超人氣布
小物232款
主婦與生活社◎著
定價320元

輕・布作 13

Yuki教你作34款Q到不行的不織布雜貨
不織布就是裝可愛!
YUKI◎著
定價300元

輕・布作 14

一次解決縫紉新手的入門難題
初學手縫布作的最強聖典
每日外出包×布小物×手作服=29枚
實作練習
高橋惠美子◎著
定價350元

輕・布作 15

手縫OK的可愛小物
55個零碼布驚喜好點子
BOUTIQUE-SHA◎著
定價280元

輕・布作 16

零碼布×簡單作──繽紛手縫系可愛娃娃
I Love Fabric Dolls
法布多的百變手作遊戲
王美芳・林詩齡・傅琪珊◎著
定價280元

輕・布作 17

女孩の小優雅・手作口金包
BOUTIQUE-SHA◎著
定價280元

輕・布作 18

點點・條紋・格子(暢銷增訂版)
小白◎著
定價350元

輕・布作 19

可愛ろ♪!
半天完成的棉麻手作包×錢包
×布小物
BOUTIQUE-SHA◎著
定價280元

輕・布作 20

自然風穿搭最愛的39個手作包
──點點・條紋・印花・素色・格紋
BOUTIQUE-SHA◎著
定價280元

輕・布作 21

超簡單×超有型─自己作日日都
好背的大布包35款
BOUTIQUE-SHA◎著
定價280元

輕・布作 22

零碼布裝可愛!超可愛小布包
×雜貨飾品×布小物──最實
用手作提案CUTE.90 (暢銷版)
BOUTIQUE-SHA◎著
定價280元

輕・布作 23

俏皮&可愛・so sweet!愛上零
碼布作の41個手縫布娃娃
BOUTIQUE-SHA◎著
定價280元

輕·布作 24

簡單×好作
初學35枚和風布花設計
（暢銷版）
福清◎著
定價280元

輕·布作 25

從基本款開始手作61款手作包
自己輕鬆作簡單&可愛的收納包
（暢銷版）
BOUTIQUE-SHA◎授權
定價280元

輕·布作 26

製作技巧大破解！
一作就愛上的可愛口金包
（暢銷版）
日本VOGUE社◎授權
定價320元

輕·布作 28

實用滿分·不只是裝可愛！
肩背&手提ok的大容量口
金包手作提案30選（暢銷
版）
BOUTIQUE-SHA◎授權
定價320元

輕·布作 29

超圖解！
個性&設計感十足的94枚
可愛布作徽章×別針×胸花
×小物
BOUTIQUE-SHA◎授權
定價280元

輕·布作 30

簡單·可愛·超開心手作！
袖珍包兒×雜貨の迷你布
作小世界（暢銷版）
BOUTIQUE-SHA◎授權
定價280元

輕·布作 31

BAG & POUCH·新手簡單作！
一次學會25件可愛布包&
波奇小物包
日本ヴォーグ社◎授權
定價300元

輕·布作 32

簡單才是經典！
自己作35款開心背著走的手
作布
BOUTIQUE-SHA◎授權
定價280元

輕·布作 33

Free Style！
手作39款可動式收納包
看波奇包秒變小豬包、包中包、小提包、
斜背包……方便又可愛！
BOUTIQUE-SHA◎授權
定價280元

輕·布作 34

實用度最高！
設計感滿點の手作波奇包
日本VOGUE社◎授權
定價350元

輕·布作 35

妙用墊肩作の
37個軟Q波奇包

2片墊肩→1個包，最簡便的防撞設
計！化妝包、3C包最佳選擇！
BOUTIQUE-SHA◎授權
定價280元

輕·布作 36

非玩「布」可！挑喜歡的
布，作自己的包
60個簡單&實用的基本款人氣包&布
小物，開始學布作的60個新手練習
本橋よしえ◎著
定價320元

輕·布作 37

NINA娃娃的服裝設計80+
獻給裁縫媽們～享受換裝、造型、扮演
故事的手作遊戲
HOBBYRA HOBBYRE◎著
定價380元

輕·布作 38

輕便出門剛剛好的人氣斜
背包
BOUTIQUE-SHA◎授權
定價280元

輕·布作 39

這個包不一樣！幾何圖形玩創意
超有個性的手作包27選
日本ヴォーグ社◎授權
定價320元

輕·布作 40

和風布花的手作時光
從基礎開始學作和風布花的
32件美麗飾品
かくた まさこ◎著
定價320元

輕·布作 41

玩創意！自己動手作
可愛又實用的
71款生活感布小物
BOUTIQUE-SHA◎授權
定價320元

輕·布作 42

每日的後背包
BOUTIQUE-SHA◎授權
定價320元

輕·布作 43

手縫可愛の繪本風布娃娃
33個給你最溫柔陪伴的布娃兒
BOUTIQUE-SHA◎授權
定價350元

輕·布作 44

手作系女孩の
小清新布花飾品設計
BOUTIQUE-SHA◎授權
定價320元

輕·布作 45

花系女子の
和風布花飾品設計
かわらしや◎著
定價320元

輕·布作 46

簡單直裁の
43堂布作設計課
新手ok！快速完成！超實用布小物！
BOUTIQUE-SHA◎授權
定價320元

輕·布作 47

打開零碼布手作箱，
簡單縫就可愛！
BOUTIQUE-SHA◎授權
定價350元